变化环境下黄土高原地区流域水文模拟研究

李超群　吴　奕　常恩浩　著

黄河水利出版社

·郑州·

内 容 提 要

　　本书详细阐述了黄土高原地区产流机制及相关水文模型的主要原理和基本结构，并以黄河中游地区窟野河流域为例，对变化环境下黄土高原地区水文模拟相关技术问题进行了研究，提出了水文模拟相关技术途径。主要内容包括：黄土高原地区产流机制及水文模拟计算模型；典型流域概况与数据准备；流域环境变化识别与水文响应；流域水文模型适用性比拟；考虑淤地坝影响的流域水文模拟优化；基于气候变化的流域水文情势预估等。

　　本书可供从事黄土高原地区保护治理工作，特别是从事变化环境下流域水文模拟分析及气候变化背景下流域水资源规划、流域水文情势预估、流域中长期调度方案制订的工程技术人员以及相关领域的研究人员参考。

图书在版编目(CIP)数据

　　变化环境下黄土高原地区流域水文模拟研究/李超群，吴奕，常恩浩著. —郑州：黄河水利出版社，2022.7
　　ISBN 978-7-5509-3338-5

　　Ⅰ.①变… Ⅱ.①李… ②吴… ③常… Ⅲ.①黄土高原-流域-水文模拟-研究 Ⅳ.①P334

　　中国版本图书馆 CIP 数据核字(2022)第 131873 号

组稿编辑：王路平　　电话：0371-66022212　　E-mail：hhslwlp@126.com
　　　　　田丽萍　　　　　66025553　　　　　912810592@qq.com

出　版　社：黄河水利出版社　　　　　　　　网址：www.yrcp.com
　　　　　　地址：河南省郑州市顺河路黄委会综合楼14层　邮政编码：450003
发行单位：黄河水利出版社
　　　　　发行部电话：0371-66026940、66020550、66028024、66022620(传真)
　　　　　E-mail：hhslcbs@126.com
承印单位：河南新华印刷集团有限公司
开本：890 mm×1 240 mm　1/32
印张：5.25
字数：160 千字
版次：2022 年 7 月第 1 版　　　　　　印次：2022 年 7 月第 1 次印刷

定价：60.00 元

│ 前　言 │

　　黄土高原是我国四大高原之一。加快黄土高原保护治理对于我国推进黄河流域生态保护和高质量发展重大国家战略、西部大开发战略实施、全面实现第二个百年奋斗目标，具有十分重大而深远的意义。近年来，黄土高原地区气候条件、土地利用覆盖等环境要素均发生了显著的变化，环境变化对于流域水文循环的影响已经广受关注，对黄土高原地区流域水资源规划、流域水文情势预估、流域中长期调度方案制订等工作提出了新的更高的要求，对区域保护治理产生了直接影响。因此，迫切需要开展变化环境下水文模拟研究，为黄土高原保护治理提供技术支撑。

　　本书紧密结合变化环境下黄土高原地区水文模拟实际，以中国博士后科学基金、河南省博士后科研启动经费、中原青年拔尖人才资助等项目为依托，选定窟野河流域作为典型研究对象，开展了变化环境下水文模拟研究。全书共分八章，主要内容为：阐述了黄土高原地区产流机制及流域水文模拟模型；以黄河中游窟野河流域为对象，概述了流域基本特征和数据准备情况，分析了流域降雨变化、下垫面变化和人类活动变化，研究了雨水关系对变化环境的响应；构建了 VIC 模型、SWAT 模型和新安江模型，采用基因算法、罗森布瑞克法和单纯形法 3 种方法对模型参数联合自动优选，研究了不同水文模型在黄土高原地区的适用性；提出基于淤地坝作用概化的模拟方法，对 VIC 水文模型的应用进行改进；选用 BCC-CSM1.1、BNU-ESM、CCSM4、CanESM2 等 4 种全球气候模式在代表浓度路径 RCP4.5 情景下的预测结果，采用 BP 人工神经网络模型进行统计降尺度处理，与构建的 VIC 流域水文模型耦合，研究预估了流域未来水文情势变化；总结了本书的主要工作，展望了未来变化环境下黄土高原地区水文模拟研究方向，为变化环境下黄土高原地区保护治理提供了技术路径参考。

　　本书在编写过程中得到了水利部交通运输部国家能源局南京水利科学研究院、水利部应对气候变化研究中心、河南省水文水资源局等相关科研技术单位的大力支持和帮助，黄河勘测规划设计研究院有限公司王鹏等许多同志参与了本书的分析和研究工作。另外，本书在编写过程中还参考引用了大量文献资料和研究结论。在此，谨向为本书完成提供支持和帮助的单位、所有研究人员和参考文献的原作者表示衷心的感谢！

　　由于黄土高原地区产汇流复杂，其水文模拟一直是水文工作的难点，且近年来高强度多维度的环境变化进一步加剧了水文模拟工作的难度，加之编写人员水平有限，书中难免存在疏漏和不妥之处，敬请专家、读者批评指正。

作者

2022 年 4 月

CONTENTS

目 录

1　绪　论

1.1　研究背景和意义

黄土高原位于北纬 32°~41°,东经 107°~114°。从地质、地貌学而言,是指东起太行山,西到青海日月山,南界秦岭,北抵鄂尔多斯高原的区域。按县域行政区界线计算,黄土高原地区总面积约 64 万 km²,占全国土地总面积的 6.76%,包括山西、内蒙古、河南、陕西、甘肃、宁夏、青海共 7 个省(自治区)341 个县(市)。黄土高原地区总人口 1.23 亿,国内生产总值 5.38 万亿元(据 2015 年统计结果)。黄土高原地区曾长期是我国政治、经济、文化的中心地区;同时,又是我国多民族交会地带,是比较贫困的地区,也是革命时期的红色根据地。在 2001 年国务院批准的新时期国家扶贫开发工作 592 个重点县中,黄土高原地区占到 115 个。黄土高原地区煤炭、电力、石油和天然气等能源工业,铅、锌、铝、铜、钼、钨、金等有色金属冶炼工业,以及稀土工业有较大优势。区域内主要矿产与能源资源在空间分布上具有较好的匹配关系,为区域经济发展创造了良好的条件。然而,由于特殊的地形地貌影响,黄土高原水土流失面积 45.17 万 km²,占全国水土流失面积的 13.04%,是全国乃至世界上水土流失最严重的地区。加快黄土高原地区的综合治理开发,对于促进我国经济社会的可持续发展,保障西部大开发的顺利实施,实现全面建设小康社会的宏伟目标和黄河的长治久安,都具有十分重大而深远的意义。

黄河是华北和西北的重要供水水源,流经我国干旱半干旱地区,流域水资源贫乏、生态环境脆弱。气候变化引起的环境条件剧烈变化对黄河流域水安全格局带来巨大挑战。近期研究表明,在气候变化背景下,黄河流域水文情势发生了重大变化。因此,有必要借助流域水文模型,在气候变化背景下,开展水文模拟研究。

开展黄土高原地区水文模拟就是为了更好地认识黄土高原地区暴雨产洪规律,为黄土高原地区的水沙管理,乃至于整个黄土高原地区的治理开发提供技术支撑。近年来,在气候变化和人类活动的影响下,黄土高原地区的暴雨洪水呈现出了雨洪关系不断变化、极端降雨洪水频发等新特点。例如,2016年8月16日22时至8月17日12时,内蒙古十大孔兑发生特大暴雨,暴雨中心的高头窑雨量站24 h雨量达406 mm。特大暴雨造成十大孔兑均暴发洪水,导致共计21座淤地坝出现溃决。在变化环境下,对黄土高原地区原有雨洪关系的认识和模拟技术手段已经不能全面准确地描述这些新的变化,尤其是对于中小型库坝工程、下垫面变化等对雨洪关系的影响问题的处理方式需要完善。因此,迫切需要开展变化环境下的黄土高原地区水文动态模拟,为进一步认识变化环境下黄土高原地区雨洪发生发展规律,进而深入开展黄土高原治理工作提供技术支撑。

分布式流域水文模型是一种可以考虑流域表面各点水力学特征不均匀性,分网格或单元进行时空模拟计算的流域水文模型。近年来,由于人类活动的影响,流域下垫面发生较大变化,产汇流条件随之改变,这种情况下利用水文模型模拟流域下垫面变化对流域洪水径流的影响已成为流域规划不可或缺的工具。由于流域水文过程的复杂性,不同的气候区、不同的时间和空间尺度,都有不同的模型,在各个国家甚至不同的流域又有不同的水文模型。这些模型不仅模拟流域水文过程,而且也在其他一些领域诸如环境和生态管理中得以应用。

以黄河水利委员会水文局为主要技术单位,在多年的实际生产作业中研发或引进了一批流域水文模型,对黄河的洪水径流模拟计算提供了有力的技术支持,但仍存在诸多尚待改进的地方。其他黄河水利委员会(简称黄委)单位,如黄河勘测规划设计研究院有限公司等,目前对流域水文模型的研究基本处于空白,亟须进一步研究构建可实际应用的流域水文模型,作为技术储备,为流域规划及进一步的研究工作提供有力的工具支撑。同时,由于研究范围和深度的限制,气候变化背景下黄河典型流域水文模拟的研究并不多,极大地限制了对气候变化背景下黄河流域的水文情势变化的认识。

本书将紧密结合黄河流域干支流规划及部委前期项目中对流域洪水径流模拟计算的需求,构建流域水文模型并应用于黄河典型流域,开展气候变化背景下黄河典型流域水文模拟研究。本书以黄河典型流域为研究对象,通过"资料(成果)收集—模型构建—模型应用"等3个层面的工作来开展研究,最终提出黄河典型流域水文模型及集成软件,并通过气候系统模式数据的降尺度处理及水文气候耦合,对气候变化背景下黄河典型流域的水文情势进行模拟,为黄河流域水文情势变化分析提供技术参考。

综上所述,通过研究黄河典型流域产汇流特点及洪水模拟和径流评价需求,构建适用于黄河典型流域水文模型,模拟分析气候变化情景下水文情势变化,具有重要的研究意义。

1.2 国内外研究进展

1.2.1 流域水文模型

水文模拟研究最常用的技术手段即为流域水文模型。Sherman[1]提出的流域汇流单位线,可以认为是最早的水文模型。其后,自 Crawford 和 Linsley 提出了 Stanford 模型后[2],流域水文模型研究进入了蓬勃发展时期,甚至在集总模型的基础上,人们逐渐开发出了多种具有较强物理机制的分布式或半分布式的水文模型,这些模型较为精确地刻画了流域水文的各主要过程,可以数值求解水流运动的微分方程,能够较好地描述流域特征的空间异质性,比较有影响的模型有欧洲的 SHE 模型[3]和美国的 VIC 模型[4]等。近年来流域水文模型的研究主要出现两个趋势:一是多过程耦合模拟,主要包括气象-水文耦合模拟和水量-水质耦合模拟;二是模型结构比较研究,主要表现为基于模型的不同计算模块构建组合框架。气象-水文耦合模拟是指将数值天气预报模式或区域气候模式和分布式水文模型进行耦合,用于提高水文模型的短期预报和长期预测能力。如高冰[5]在中国长江流域耦合 WRF 模式与 GBHM 模型建立了短期洪水预报系统,并应用于长江三峡水库,提高了三峡水库入库洪水预报的预见期。Gu 等[6]耦合了 ICTP 的 RegCM4.0 模式和 VIC 模型,基于 A1B SRES 情景(IPCC, 2000)[7]分析了中国长江流域的未来水文状况。水量-水质耦合模拟是指在传统的水文模型中加入水质模拟模块,模拟点源和非点源污染物的迁移过程,从而提供精确的河流水质状况,以便于分析河流水质的变化,为流域水量水质综合管理提供支撑,如 Tang 等[8]建立了 GBNP 模型耦合了降雨-径流、土壤侵蚀、泥沙和污染物运移等过程,并分析了北京密云水库流域的污染物变化规律;王建华等[9]构建了河流水动力与水质联合模拟模型对滦河流域河道干流和潘家口水库的水量水质进行评价。另外,水文学者在运用各种已有的水文模型进行流域模拟时发现由于每个模型描述蒸发、入渗、产流等水文过程的方式存在差异,因而不同的模型有其不同的适用流域。面对这样的现状,有学者提出将现有的常用水文模型按模块拆分,比如地表径流计算模块、壤中流计算模块、地下径流计算模块、蒸发量计算模块,甚至数值解法模块等,然后在某个流域进行水文模拟时,再将已拆分模块的不同方法进行重新组合构建众多的待选水文模型,并在其中挑选最适合研究流域的模型结构,如 Clark 等[10]提出了通用模型框架的标准:针对各流域的水文过程,模型框架应具有不同特点的多个可选方法;模型框架应有一定的灵活性,可以方便连接不同模型的不同模块;应避免对复杂水文系统的过度简化。除构建模型框架的思路外,Doherty 和 Welter[11]、Doherty 和 Christensen[12]等尝试采用矩阵描述经过线性简化后的水文模型,并对比不同水文模型结构之间的差异,以显著奇异值的数量定义模型的维度,根据模型的维度对流域水文模型进行分类。综合来看,目前关于流域水文模型的研究,旨在通过增加模块或耦合模型扩展水文模型的功能,或者基于现有计算模块通过重组以提高模型的适用性。同时,流域水文模型应用领域越来越广泛,如模拟流域水量水质,进行非点源污染量化以支撑污染治理决策等[13-14]。

　　变化环境下的水文模拟也是研究热点。无论从全球尺度看，还是从区域或流域尺度看，降水、温度、风速、土地覆盖类型等环境要素均发生了显著的变化，环境变化对于流域水文循环的影响已经广受关注。在中国，张建云等[15]指出自20世纪80年代以来，很多流域出现径流量明显减少的趋势性变化。流域出口的径流通常被认为是流域内气候、植被、土壤、地形、地质等多种要素综合作用的结果，因而水文研究中往往将径流作为一个综合反映流域气象、水文和下垫面特征的重要变量。同时，限于现有观测技术的发展水平，径流依然是可广泛获得的最可靠的水文变量，且通常具有较长系列的连续观测记录。由于上述原因，水文学者通常以研究环境变化(通常包括气候变化或波动、下垫面条件的变化、人为活动的影响等)对于径流的影响作为揭示流域水文循环演变规律的基础，并尝试通过多种方法研究导致流域径流发生变化的原因。主要包括三类方法：基于水文气象观测数据的统计回归方法、基于概念性的集总式水文模型的方法和基于分布式或半分布式水文模型的方法。基于观测数据的统计回归方法通常是指采用实测的径流数据和气象数据，通过统计回归等数学方法估计各气候因子变化对于径流的影响。Ma等[16]在无参数弹性方法中引入温度弹性系数，除考虑降水量的变化对于流域径流的影响外，还考虑温度改变对于流域径流的影响。上述的统计回归方法通常假设流域土壤蓄水量的变化可以忽略，即不考虑土壤水的年际变化，Xu等[17]通过将前期降水引入到气候弹性方法中，间接考虑土壤蓄水量的影响，完善了弹性理论方法。统计回归方法仅依赖于实测数据，无须采用水文模型，计算简单，使用方便，但无法考虑流域下垫面条件变化对流域径流的影响，限制了其应用范围。基于概念性的集总式水文模型的分析方法通常是采用描述Budyko理论的经验公式分析环境变化对流域径流的影响。Roderick和Farquhar[18]通过对Budyko方程求全导，推导出流域实际蒸散发对于降水、潜在蒸散发及流域下垫面条件的敏感性的表达式，分析气候变化和流域下垫面条件变化对于径流的影响。Yang等[19]进一步结合彭曼公式和布迪科理论,推导出了流域径流对于降水、净辐射、气温、风速和相对湿度等的弹性系数表达式,以区分各种气候因子对于流域径流的影响。与弹性理论相比,分解理论不再依赖于弹性系数的计算,而是直接根据布迪科曲线对气候变化和下垫面条件变化的影响进行区分,优先估计下垫面条件变化对流域径流的影响。Wang 和 Hejazi[20] 提出了分解理论,并将其应用于分布在全美的 413 个具有不同气候条件和下垫面条件的流域,分析了气候变化和人类活动对于流域径流的影响。此类方法可以定量区分气候变化和流域下垫面条件变化对于流域径流的影响,但限于模型的物理性不强,无法进一步量化特定下垫面条件变化对流域径流变化的影响,同时此类方法亦不能描述年际和年内的变化情况。物理性较强的分布式水文模型可以较好地弥补上述方法的缺陷,因而也被广泛地应用于流域径流变化的归因分析。例如,Xu 等[21] 使用 GBHM 模型分析了气候变化和人类活动对于滦河等流域多年平均径流量的影响。Li 等[22] 使用 SIMHYD 模型分析了澳大利亚 4 个中等尺度流域径流变化的影响因素。Desta 等[23] 采用 WetSpa 水文模型研究了埃塞俄比亚北部提格雷地区州径流的增加原因,认为土地利用/覆盖从灌木和草地向城市和耕地的变化是主要因素。Sun 等[24] 采用 SWAT 模型研究了土地利用类型和工程措施对北洛河支流河川径流量影响。总体来看,现有的分布式水文模型通常将流域的气象条件和植被条件等作为外部输入,忽略了气象条件和植被覆盖条件等的改变对于流域水文特性的影响,如气候变化和植被条件改变等对以模型参数描述的土壤蓄水能力的影响,而在流域环境发生显著变化的情况下,这种简化处理可能会造成较大失真,因此基于现有的分布式水文模型评估气候变化、植被等下垫面条件变化或人类活动的间接影响等对于流域径流变化的贡献存在一定的误差。

具体到黄土高原地区的水文模拟,现有的成果较多。近期可见的研究成果,如王国庆等[25]、李琼芳等[26] 分别探讨了 VIC 模型和新安江模型在黄河流域和黄土高原土壤侵蚀地区的适用性;姚文艺等[27] 利用 SWAT 等模型对黄河流域近期水沙变化及其趋势进行了预测;王国庆等[28]构建了月水量平衡模型对黄土高原昕水河流域径流变化进行了归因定量分析。夏婷等[29]基于 REDRAW 模型对黄河黄土高原地区的河龙区间近年水文特征量特性进行了研究。王晨沣等[30]基于土壤分离能力与泥沙输移能力双重限制的坡面侵蚀产沙机制,建立了考虑植被作用的坡面侵蚀模型,可明显改善不同土地利用和植被作用下的侵蚀产沙过程模拟,具有与分布式流域水沙模型集成和应用的潜力。

黄河流域水文模型的发展也较为迅速。以黄委水文局为主要技术单位,在多年的实际生产作业中研发或引进了一批流域水文模型,对黄河的洪水径流模拟计算提供了有力的技术支持,但仍存在诸多尚待改进的地方。近年来,由于人类活动的影响,流域下垫面发生较大变化,产汇流条件随之改变,这种情况下利用水文模型模拟流域下垫面变化对流域洪水径流的影响已成为流域规划不可或缺的工具,亟须进一步研究构建可实际应用的流域水文模型,作为黄委技术储备,为流域规划及进一步的研究工作提供有力的工具支撑。

1.2.2 变化环境影响研究

受环境变化影响,国内外很多流域水文情势都发生了变化,出现了径流量减少、水资源短缺的现象[31]。环境变化一般包括气候变化和人类活动影响,气候变化是指全球或者局部气候发生变化,人类活动是指人类为生产生活导致气候变化和水循环变化的活动[32-33]。不同流域内,气候变化和人类活动对水资源数量的影响程度存在差异[34-39],如何科学定量地界定两者对水资源的影响是环境变化影响研究领域的科学问题。以往的研究方法主要包括灰色关联法、弹性系数法、降雨-径流线性回归法、Budyko 方法、径流对降水量和蒸散发的敏感性分析法以及流域水文模型等[40-45]。Hasan 等[46]计算的尼罗河流域径流弹性表明,降水量减少 10% 会导致热带地区的径流量减少 19%。商滢和江竹[47]采用双累计曲线分析了得到黄河源区降水因素对径流减小的贡献率为6.1%。Desta 等[48]采用 WetSpa 水文模型研究了埃塞俄比亚北部提格雷地区州径流的增加可能是由于土地利用/土地覆盖从灌木和草地向城市和耕地的变化引起的。Guzha 等[49]研究了非洲东部地区土地利用类型对流量的影响,结果显示森林覆盖率增加,年径流量和地表径流量会减少。贺亮亮等[50]利用气象数据和设定的森林覆盖变化情景研究认为年均径流量随着森林覆盖率的增加而减少。郑培龙等[51]采用降雨-径流量双累计曲线法研究了泾河流域气候变化和土地利用变化对径流的影响,结果表明人类活动因素是泾河流域径流发生变异的主要驱动因素。Sun 等[52]采用 SWAT 模型研究了土地利用类型和工程措施(包括梯田措施、淤地坝和水库)对周河(北洛河支流)河川径流量的影响。王红[53]进行了水土保持措施对地下水补给生态基流的影响的室内试验,结果显示水土保持措施有利于地下水补给。上述研究表明了气候变化及人类活动变化均可以直接或间接地影响河川径流量的大小。

除此之外,还有些学者定量研究了具体水保措施对河川径流量变化量的影响。例如,张元星[54]采用构建的数学模型研究了梯田措施对延河流域河川径流的影响,结果表明梯田措施能够减少汛期径流、增加基流。Zhao 等[55]研究了泾河流域年实际蒸散发的空间分布,结果显示实际蒸散发的变化由大到小分别是林地—耕地—草地。冉大川等[56]分析了黄河河龙区间淤地坝减洪量为水土保持措施减洪总量的59.3%,计算减洪量包括已经淤平后为农地利用的淤地减洪量,另一部分是仍在拦洪期淤地坝减洪量。关于外界环境对泾河流域河川径流量变化贡献量定量计算的研究有很多,并取得了一定的研究成果。如冉大川[57]建立了降雨-径流回归方程,分析计算了泾河流域人类活动对地表径流量的影响量。Yin 等[58]采用 SWAT 模型模拟了泾河流域水文过程,认为气候变化对径流减小的贡献率的绝对值在逐渐减小。张淑兰等[59]、郭爱军等[60]、Chang 等[61]、Ning 等[62]、杨思雨等[63]、Gao等[64]分别采用双累计曲线、TOPMODEL 模型、Budyko 框架、径流还原法、SWAT 模型等方法开展了泾河流域定量区分气候变化和人类活动对流域径流影响的相关研究。目前,受限于人类活动具体数据(梯田措施、淤地坝措施、土地利用变化以及取用水)及系统的试验数据的影响,具体某项人类活动对河川径流量的定量分析的研究还比较少。

1.2.3　气候水文耦合模拟

　　20 世纪 70~80 年代,国内外针对气候变化下的气象水文过程模拟及水资源响应开展了一系列的研究工作,IPCC 已经完成了 5 次全球气候变化的成因分析、水资源的响应分析及应对气候变化的对策等的研究报告。Mimikou 等[65]以希腊中部地区为研究对象,借助 HadCM2 和 UKHI 两种气候模式,开展了气候变化未来降雨、平均月径流量的响应研究;2008 年,刘昌明等[66]以黄河流域为研究对象,从水循环的角度探讨了人类活动和气候变化对流域水文过程的影响;Yang 等[67]以黄河流域为研究对象,基于水文气象观测站点的降雨、蒸发、径流等历史数据,探究了气候变化对流域径流的影响,并得出气候变化是造成黄河流域径流减少的重要原因之一的结论;Milly 等[68]基于历史水文气象数据,考虑了人类活动与气候变化的影响,对研究区域径流量进行预测,并探讨了三者之间的相关影响关系;Arnell[69]应用 HadCM2 和 Had-CM3 两种气候模式,模拟了不同气候模式下全球不同流域的入流变化及用水量变化;Blöschl 等[70]分析了气候变化、土地利用与径流变化之间的相互关系;Smith 等[71]开展了印第安纳州城市化和气候变化对流域径流影响的研究,结果表明城市化对径流的影响可能更大;李志等[72]利用分布式水文模型 SWAT 定量模拟了气候变化及土地覆盖变化对黑河流域径流变化的影响程度。Chen 等[73]以梭磨河流域为研究对象,分别利用 SWAT 模型和 CHARM 模型研究了气候变化和土地覆盖变化对流域径流的影响,研究表明气候变化是影响径流的主要原因;丁相毅等[74]耦合全球气候模式与 WEP-L 模型,针对气候变化下海河流域水文水资源的响应展开研究;刘德地等[75]应用 BP 神经网络模型量化分析了气候变化与人类活动对东江流域地表径流的影响;徐宗学等[76]将气候模式与分布式水文模型(VIC 和 SWAT)进行了耦合,开展了松花江、海河、太湖等流域未来气候变化环境下的水文响应研究。

　　针对未来气候模拟问题,虽然全球气候模式在大尺度上可以很好地反映气候变化特征,但对于中小尺度上大气运动特征的模拟精度还略显不足[77-78]。因此,降尺度方法常被用于气象模拟研究中,其将低分辨率的大气运动状态信息转化为研究区域尺度的气候状态信息。常用的降尺度种类主要有统计降尺度和动力降尺度两种。刘卫林等[79]采用 SDSM 统计降尺度模型对 CanESM2 气候模式进行降尺度到赣江流域,对区域未来气温、降雨进行预估;刘品等[80]基于地面实测资料和 ERA-40 再分析资料对 ASD 统计降尺度模型在中国东部季风区的适用性进行评估;魏培培等[81]利用 IPSL-CM5A-LR 气候模式和区域气候模式 WRF 评估了两种模式对华东地区极端气候的模拟能力;Rawat 等[82]利用 regCM3 区域气候模式对东亚未来气候变化响应进行研究。

对黄河流域而言,评估土地利用和气候变化对黄河流域水文过程的影响已成为水文和环境科学领域的重要课题。相关学者一方面利用多种方法系统分析流域水沙的变化趋势性和突变情况,并在此基础上对水沙变化的未来趋势进行预估[83-85];另一方面聚焦于在对黄河流域水沙变化影响因素分析的基础上,旨在定量化识别各影响因素对水沙变化影响的大小[86-88]。同时,大量利用统计分析方法的研究应用于黄河流域干流及其大部分支流中[89-90]。Miao 等[91]利用径流系数量化黄土高原中降水量和径流量的相关变化及降水对径流量变化的贡献。Li 等[92]利用布迪科假设研究黄河流域的三大支流集水区径流变化,发现植被变化对径流量的减少贡献最多。Zheng 等[93]应用径流气候弹性的概念量化径流对气候和土地利用及土地覆被变化的敏感性。水文模型也被广泛应用于分析黄河流域不同因素对径流量和泥沙的影响[94-96]。Zuo 等[85]采用统计试验和 SWAT 模型相结合的方法探讨皇甫川流域土地利用和气候变化对水沙的影响,结果表明气候变化效应更加明显,强调土地利用和气候的变化对产沙量的影响大于对产水量的影响,且气候变化的影响大于土地利用变化。Hu 等[97]发现渭河流域由于土地利用的变化导致 5.3% 的产水量下降和 6.2% 的土壤水分增加。Li 等[98]基于 SWAT 模型发现黑河流域土地利用变化和气候变化分别使径流量减少 9.6% 和 95.8%。Zhao 等[99]利用泥沙分布输运模型,发现大坝蓄水和土地利用变化对黄土高原区域泥沙减少分别贡献约 31%

和 52%。此外,GCMs 与水文模型结合,也广泛应用于预测黄河流域未来气候变化及不同地区流域的水文过程,如黄河中上游流域、黑河、泾河等[100-103]黄河的支流及集水区域。尽管已有大量的研究量化土地利用和气候变化对黄河水文过程的影响,然而黄河水文演化过程相当复杂,在全球变化背景下,需要进一步了解宏观尺度黄河流域土地利用和气候变化下的水文过程,揭示流域水文过程和气候变化的关系,预估未来水文情势变化。

1.3　主要研究内容

1.3.1　黄土高原典型流域环境变化及水文响应分析

考虑典型流域的代表性及实测资料的可获得性,选定窟野河流域作为黄河典型流域进行流域水文模拟研究。根据降雨变化分析及水文模型构建的需要,选用 1952~2013 年流域内雨量实测资料,从降雨量和降雨强度两方面选用 6 类降雨指标(时段降雨量、最大 N d 雨量、不同等级降雨笼罩面积、不同等级降雨量、降雨日数及平均雨强等),利用 Mann-Kendall 检验方法和空间插值方法,分析 1952~2013 年窟野河流域年、6~9 月(汛期)和 7~8 月(主汛期)降水的时空变化,分析窟野河流域土地利用/覆被变化,分析水土保持治理等人类活动影响。根据窟野河流域 1952~2013 年实测降雨及洪水/径流资料,以年、6~9 月及7~8 月为统计时段,分析窟野河流域雨水相关关系变化。

1.3.2　水文模型在黄土高原适用性研究

紧密围绕黄河流域干支流规划及前期项目的模拟计算需求,基于黄土高原地区产流机制,考虑降雨、径流、蒸发等水文循环的各个环节,选用 VIC 模型、SWAT 模型和在我国广泛应用的新安江产流模型,收集水文气象、下垫面、水利水保工程等资料,构建窟野河流域水文模型,开展水文模拟,探讨水文模型的区域适应性。针对黄土高原地区大量淤地坝影响流域产流问题,开展考虑淤地坝影响的水文模拟优化研究。

1.3.3 基于气候变化的水文情势预估研究

采用 NCEP Reanalysis-2 数据和 BCC_CSM 1.1 等全球气候模式模拟的代表浓度路径 4.5(RCP4.5)情况下的数据作为建模率参数和评估未来的气候系统模式数据,构建基于反馈式人工神经网络的统计降尺度模型,进行气候系统模式数据降尺度处理,得到研究区域相应空间尺度的气候变化背景值数据。针对窟野河流域,以数字流域特征信息提取、数字流域网格化处理、下垫面参数网格离散、水文气象数据空间插值等网格化处理成果为基础,将 GCM 对未来气候变化的预估结果作为输入,驱动构建的 VIC 流域水文模型,预估典型流域未来的水文情势变化。

1.4 研究技术路线

本书项目紧密结合黄河流域干支流规划及部委前期项目中对流域洪水径流模拟计算的需求,开展流域水文模型构建研究及黄河典型流域应用研究。以黄河典型流域为研究对象,通过"资料(成果)收集—模型构建—模型应用"等 3 个层面的工作来开展研究,最终提出黄河典型流域水文模型及集成软件。项目的研究技术路线见图 1-1。

具体的研究开发方法如下。

1.4.1 资料(成果)收集

在资料(成果)收集层面,本书项目将系统地开展文献调研工作,组织项目成员针对流域水文模型构建及应用等方向涉及的主要理论、技术及方法,对国内外的重点期刊和会议论文、专著、报告等进行系统调研与整理,形成文献调研报告,为课题技术开发提供参考。同时,收集黄河典型流域的 DEM 资料、水文气象资料、下垫面资料及相关物理参数率定资料等。

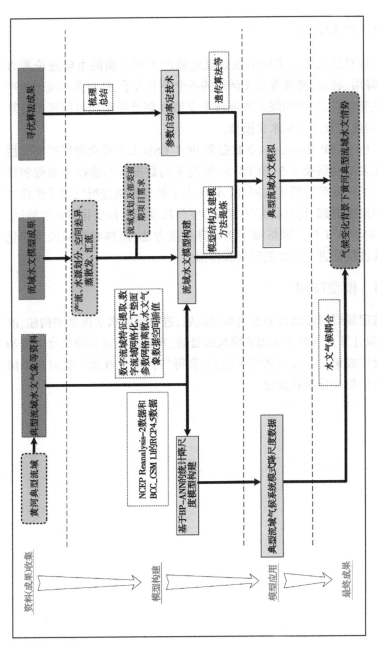

图 1-1 研究技术路线

1.4.2　模型构建

梳理总结流域水文模型在处理流域产汇流方面的主要理论和方法,从降雨、径流、蒸发等水文循环的各个环节入手,针对黄河流域的产汇流主要特点,紧密围绕黄河流域干支流规划及前期项目的模拟计算需求,构建适宜的流域水文模型。

采用 NCEP Reanalysis-2 数据和 BCC_CSM 1.1 等全球气候模式模拟的代表浓度路径 4.5(RCP4.5)情况下的数据作为建模率参数和评估未来的气候系统模式数据,以 ANN 人工神经网络进行气候系统模式数据降尺度处理,得到研究区域相应空间尺度的气候变化背景值数据。其中,ANN 人工神经网络属于统计降尺度方法,能够对空间尺度变化的非线性特征进行较好的识别和模拟。

1.4.3　模型应用

选定窟野河流域作为黄河典型流域,进行流域水文模型的构建、改进、模拟计算及气候系统模式降尺度处理,得到典型流域降尺度数据和水文模拟成果。通过水文气候耦合,获得气候变化背景下黄河典型流域水文情势并分析其变化。

2 黄土高原地区产流机制及流域水文模拟模型

2.1 黄土高原地区产流机制

从现有研究成果来看,对于黄土高原地区,普遍认为产流以超渗产流方式为主,但根据前期土壤含水量情况及降水强度的差异,多会以蓄满-超渗混合产流的形式发生。在干旱或半干旱地区,如果先期降雨充沛,土壤湿润,此种情况下随着降雨持续发生,在植被条件良好及河边附近的地方,会有蓄满产流现象发生。

2.1.1 超渗产流

2.1.1.1 基本概念

由于黄土高原土层深厚,产生的入渗都是非饱和带入渗。降雨时,因降雨强度(简称雨强)超过地面下渗强度产生的径流为地面径流,产流量在这里只是超渗的雨量。早在1935年,霍顿(Horton)就认为降雨径流的产生受控于两个条件:降雨强度超过地面下渗能力;包气带的土壤含水量超过田间持水量,阐明了自然界均质包气带产流的物理条件。因此,根据霍顿的超渗产流形成条件,只要已知任一时刻的降雨强度超过地面下渗能力,就可以判定该时刻是否产生超渗地面径流。而地下径流产生的条件是整个包气带达到田间持水量,在下渗过程中,包气带自上而下依次达到田间持水量,整个包气带达到田间持水量就意味着整个土层达到稳定下渗,此后包气带中的自由重力水便可以从地面一直下渗到地下水面,当降雨强度大于包气带稳定下渗率时,降雨强度中等于稳定下渗率的部分将以自由重力水形式达到地下水面,成为地下径流,余下部分成为包气带达到田间持水量后的超渗地面径流,而当降雨强度小于或等于包气带稳定下渗率时,全部降雨成为地下水径流。

超渗产流以降雨强度是否大于地面下渗强度为产流的控制条件,而不管包气带是否蓄满,但是流域土壤含水量的多少直接决定了地面下渗能力的大小,从而影响到流域的产流量,因此雨强和土壤含水量是影响超渗产流的两个主要因素。

超渗产流的计算一般采用下渗曲线法,下渗曲线法主要采用具有一定理论依据和试验基础的下渗公式,建立下渗强度与土壤含水量之间的关系($f \sim \theta$),然后利用实际流域土壤含水量推算出相应的下渗能力,与降雨强度比较,从而计算流域产流量的大小。

2.1.1.2 产流过程

1. 定雨强产流过程

图 2-1 是某一定雨强降雨的下渗过程示意图,而实际的降雨下渗过程往往比它复杂得多。根据下渗能力曲线的概念,当降雨时间 t 大于积水时间 t_p 时,$t \geq t'_p$,由于雨强 I 开始大于下渗率 f_t,地表开始产流,即图 2-1 中的 t'_p 本应是产流时刻。实际上,只有当 $t \geq t_p$ 时地表才开始产流,t_p 才是真正的产流时刻。这是因为,当 $t < t'_p$ 时,由于雨强 I 小于下渗率 f_t,土壤实际下渗率等于降雨强度,降雨全部下渗,土壤含水量增加。在 $t = t'_p$ 时刻,下渗到土壤中的累计降雨量 P_t 和根据下渗能力曲线得到的累计下渗量 F_t,分别为:

$$P_t = I \times t'_p \tag{2-1}$$

$$F_t = \int_0^{t'_p} f(t)\,\mathrm{d}t \tag{2-2}$$

式中 I——雨强;

$\quad\quad t'_p$——虚拟产流历时;

$\quad\quad f(t)$——土壤瞬时下渗率。

显而易见,$F_t > P_t$,则在 $t = t'_p$ 时刻与 F_t 相对应的下渗能力 $f_{t'_p}$ 仍大于雨强 I,因此 $t = t'_p$ 时刻地表不产流,实际土壤下渗率仍等于雨强。随着降雨的持续进行,当下渗到土壤中的累计降雨量等于累计入渗量时(由下渗能力曲线计算得到的下渗能力等于 I 时)即 $t = t_p$ 时刻,实际入渗率等于入渗能力,靠近地表土层的含水量达到饱和,地表开始积水。

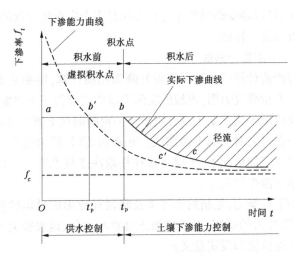

图 2-1 下渗能力曲线与某定雨强降雨下渗过程

当 $t \geq t_p$ 时,随着雨强持续地超过土壤下渗率,地表开始产流,直至降雨结束。在整个降雨过程中实际土壤下渗过程是图 2-1 中的 abc 曲线而并不是 $ab'c'$ 曲线。

从图 2-1 及上述分析可以得出,定雨强降雨条件下的土壤下渗过程可以划分为两个不同的阶段:第一阶段为积水前下渗阶段(t_p 以前);第二阶段为积水后下渗阶段(t_p 以后)。在积水前下渗阶段,土壤下渗属无压下渗,主要受降雨强度控制,土壤下渗率等于雨强;在积水后下渗阶段,土壤下渗属有压入渗,主要受土壤下渗能力控制,土壤下渗率等于下渗能力,而与雨强大小无关。

2. 变雨强产流过程

变雨强降雨过程中的降雨强度是随着降雨历时的延续而不断变化的。在降雨过程中,某一降雨时段内的平均降雨强度可能大于该时段的土壤实际下渗能力,地表有积水产生,而下一时段内的平均降雨强度则可能小于或等于土壤实际下渗能力,降雨全部下渗,地表无积水产生。与定雨强降雨过程最多只有一个积水点相比,变雨强降雨过程可能有两个、三个或者更多个积水点。因此,变雨强降雨过程中的产流问题十分复杂,而实际的降雨过程往往就是一种变雨强降雨过程。从整个过程看,可以将变雨强产流过程看作是多个定雨强过程的组合,整体的产流机制是一样的。

2.1.1.3 下渗能力曲线

进行产流计算的关键在于做好降雨扣损计算,特别是土壤下渗损失计算。大量研究表明,流域的实际下渗曲线受控于下渗能力曲线、降雨强度及流域平均前期土壤含水量。一定的前期土壤含水量和降雨过程都有一条与之对应的下渗曲线。在降雨历时、降雨强度及初始土壤含水量均一定的情况下,土壤下渗往往取决于任意降雨时段内降雨强度与土壤下渗率的大小。

土壤下渗能力,是制约水环境及降雨径流形成过程的重要影响因素,对下渗能力的研究,对于增加土壤蓄水变化、地表径流等方面具有重要的理论价值和现实意义。

下渗过程是非饱和土壤水运动过程,属于渗流理论的范畴。对于渗流理论的定量研究,最早的成就要归功于 1856 年达西(Darcy)提出的渗流力学的基本定律——达西定律,从此开始了产流机制的土壤物理学途径,为非饱和渗流理论研究起到了奠基和推动作用。

20 世纪 30 年代以来,降雨下渗的研究逐渐从定性走向定量化研究,先后产生了许多经验、半经验或具有明确物理意义的下渗方程,用以描述一定条件下的土壤下渗过程,其中较著名的有 Green-Ampt[104]、Kostiakov[105]、Horton[106-109]、Philip[110] 等。1931 年 Richards 用实验证明:土壤非饱和渗流仍然符合达西定律,并以达西定律和连续方程为基础导出了描述非饱和土壤水分运动的基本微分方程。关于下渗的数学模型问题,首先是 1911 年 Green 和 Ampt 根据实验数据提出一种建立下渗速率与水势梯度之间的关系模型,起初它仅仅是对实验数据的一种数学回归描述。Philip[110] 将该模型中各项赋予明确的物理意义,并在 1957 年根据达西定律和物质守恒定律推导出土壤运动微分方程,将玻尔兹曼变换引入该方程,得到一维微分方程的半解析解,并在实践中得到广泛的应用,Parlange[111] 改变一部分边界条件推导得到微分方程的高维解析解。Horton 最初提出的下渗模型,长期以来一直被认为是一种经验性模型,直到 1970 年 Eagleson 运用分离变量法,从土壤水分运动微分方程中解得这一方程,张文华[112]在假定渗透系数 K 和扩散系数 D 均为常数的情况下采用分离变量法也导出了 Horton 下渗能力方程,从而为下渗模型奠定了基础。

国内在土壤下渗规律、参数、过程、影响土壤下渗因素等方面进行了研究,取得了不少的研究进展。这些研究主要集中在干旱半干旱地区的研究,尤其在我国黄河流域的黄土高原。赵人俊等[113]对子洲径流站用菲利普(Philip)、Horton 下渗公式进行拟合,两个公式拟合精度差不多,但 Philip 下渗公式在初始土壤含水量小的次洪水拟合精度受到影响。毕华兴等[114]对晋西黄土高原沟壑区各实验地类土壤下渗性能用 Philip、Horton 方程进行了模拟,地类不同,下渗不同,且 Philip 下渗方程精度较高。刘贤赵等[115]通过野外土壤下渗的试验,探讨了不同地貌耕作措施、初始土壤含水量、积水深度等因素对土壤下渗的影响。魏忠义等[116]在山西河沟流域的研究表明霍顿公式在下渗阶段拟合较好。

目前,在我国水文学中应用最广泛的是 Horton 和 Philip 下渗能力曲线。

1. 下渗的基本方程

地表的下渗能力是由非饱和土壤中水体与运动规律所决定的。根据牛顿(Newton)力学,非饱和带土壤中水体由质量守恒所建立的连续方程为

$$\frac{\partial \theta}{\partial t} + \frac{\partial v}{\partial z} = 0 \qquad (2\text{-}3)$$

式中 θ——土壤含水量;

t——时间;

v——渗流速度;

z——垂直距离(表示以地表为原点,向下为正)。

由能量守恒所建立的运动方程,即达西(Darcy)定律为

$$v = K(\theta) - D(\theta)\frac{\partial \theta}{\partial z} \qquad (2\text{-}4)$$

式中 $K(\theta)$——非饱和土壤导水率,又称渗透系数;

$D(\theta)$——非饱和土壤水的扩散率,又称扩散系数;

其他符号含义同前。

联解式(2-3)、式(2-4)得

$$\frac{\partial\theta}{\partial t} = \frac{\partial}{\partial z}\left[D(\theta)\frac{\partial\theta}{\partial z}\right] - \frac{\partial}{\partial z}\left[K(\theta)\right] \tag{2-5}$$

该式就是非饱和土壤水分运动的基本偏微分方程,即为著名的理查兹(Richards)方程。式(2-5)也可以写为

$$-\frac{\partial z}{\partial t} = \frac{\partial}{\partial\theta}\left[D(\theta)\bigg/\frac{\partial z}{\partial\theta}\right] - \frac{\partial}{\partial z}\left[K(\theta)\right] \tag{2-6}$$

式(2-3)、式(2-4)即为非饱和带地下水垂直运动基本微分方程。下渗能力曲线即为式(2-5)或式(2-6)的解。

2. Philip 下渗能力曲线

1957 年,Philip 对 Richards 方程进行了系统的研究,考虑均质土壤、起始含水量均匀分布、充分供水及地表薄层积水条件下,得出方程的解析解。

设式(2-6)的解 $z(\theta)$ 有如下的级数形式:

$$z(\theta,t) = \eta_1(\theta)t^{\frac{1}{2}} + \eta_2(\theta)t^{\frac{2}{2}} + \eta_3(\theta)t^{\frac{3}{2}} + \cdots$$

$$= \sum_{i=1}^{n}\eta_i(\theta)t^{\frac{i}{2}} \tag{2-7}$$

Philip 认为累计下渗量为

$$F(t) = \int Z(\theta,t)\mathrm{d}\theta + K(\theta_0) \tag{2-8}$$

将式(2-7)代入式(2-8)得

$$F(t) = \int\left[\eta_1(\theta)t^{\frac{1}{2}} + \eta_2(\theta)t + \eta_3(\theta)t^{\frac{3}{2}} + \cdots\right]\mathrm{d}\theta + K(\theta_0)t \tag{2-9}$$

式中　$F(t)$——累计下渗量;

$z(\theta)$——土壤水下渗深度;

θ_0——初始土壤含水量;

t——时间。

Philip 认为 t 较小时级数 $z(\theta,t)$ 是收敛的,作为一种近似,只取前

两项,则由式(2-9)得

$$F(t) = \int \left[\eta_1(\theta) t^{\frac{1}{2}} + \eta_2(\theta) t^{\frac{2}{2}} t \right] d\theta + K(\theta_0) t \qquad (2\text{-}10)$$

由式(2-10)对 t 微分便得到下渗率 $f(t)$ 为

$$f(t) = \frac{S}{2} t^{-\frac{1}{2}} + A$$

$$S = \int_{\theta_0}^{\theta_s} \eta_1(\theta) d\theta$$

$$A = \int_{\theta_0}^{\theta_s} \eta_2(\theta) d\theta + K(\theta_0) \qquad (2\text{-}11)$$

式中　S——吸渗率;

　　　A——稳定下渗率;

　　　θ_s——土壤饱和含水量。

在下渗初期,参数 S 起主要作用,相当于水平下渗的情况。随着下渗时间的增长,参数 A 成为影响下渗的主要因素,Philip[110]指出长时间后的稳定下渗率与积水深度没有关系,而且积水的主要影响表现在下渗早期的下渗率 $f_0(t) = \dfrac{1}{2} S t^{-\frac{1}{2}}$。吸渗率 S 随着积水深度急剧增加。积水对吸渗率的影响比较显著的是使初始土壤含水量比较大。

式(2-11)便是水文界常用的所谓具有严格物理理论基础的 Philip 下渗能力公式(曲线)。该公式得到了田间下渗试验资料的验证,具有重要的应用价值,但是 Philip 下渗能力曲线,即式(2-11)存在如下几个值得商榷的问题:

(1)Philip 的垂直下渗级数解及其 $\eta_1(\theta)$, $\eta_2(\theta)$… 是在半无限均质土壤、初始含水量 θ_0 分布均匀、有薄层积水条件下求得的,因此下渗公式只适用于均质土壤一维垂直积水下渗的情况,若将 Philip 公式应用于非均质土壤还有待进一步完善。

(2)自然界的下渗主要是降雨条件下的下渗,供水条件与积水下渗有很大的差异,在天然降雨条件下,降雨强度是变化的,降雨并不是充分的,而 Philip 建立的下渗模型是以积水下渗试验为基础的,将其直接应用于流域产流计算不够确切。

（3）Philip 公式是在 t 较小时导出的,因此 Philip 下渗能力曲线只是在较小的时间区间的曲线段。当 t 值很大,特别是 $t \rightarrow \infty$ 时,所得结果与实际不相符,它只适用于下渗时间 t 不很长的情况。

（4）由于 $z(\theta, t)$ 是式(2-6)的解,也就是说这个解包含着扩散率和渗透率,因此累计下渗量应是 $F(t) = \int_{\theta_0}^{\theta_s} Z(\theta, t) \mathrm{d}\theta$ 而不是式(2-9)。

（5）式(2-11)中 A 为稳定下渗率,即当 $t \rightarrow \infty$ 时,$f \rightarrow A$,这个结论是欠妥的。因为 Philip 曲线只适用于时间 t 很小的时候。这种提法与 Philip 公式适用的时间概念是相悖的。随着时间的增长,土壤含水量逐渐趋向于一个稳定值,但在 Philip 时间概念上不能说它是稳定下渗率,因为 t 是有限的,且较小,不能趋于无穷大,因此 A 不是一个常数。

（6）假设级数 $z(\theta, t)$ 是收敛的,那么对式(2-9)取前三项,要比取前两项的截断误差小,逼近真值,其下渗量按照 Philip 建议的式(2-10)得

$$F(t) = \int_{\theta_0}^{\theta_s} \eta_1(\theta) \mathrm{d}\theta \cdot \frac{1}{2} t^{-\frac{1}{2}} + \int_{\theta_0}^{\theta_s} \eta_2(\theta) \mathrm{d}\theta + \int_{\theta_0}^{\theta_s} \eta_3(\theta) \mathrm{d}\theta \cdot \frac{3}{2} t^{\frac{1}{2}} + K(\theta_0)$$

$$(2\text{-}12)$$

由式(2-12)对 t 微分得下渗率为

$$f(t) = \int_{\theta_0}^{\theta_s} \eta_1(\theta) \mathrm{d}\theta \cdot \frac{1}{2} t^{-\frac{1}{2}} + \int_{\theta_0}^{\theta_s} \eta_2(\theta) \mathrm{d}\theta + \int_{\theta_0}^{\theta_s} \eta_3(\theta) \mathrm{d}\theta \cdot \frac{3}{2} t^{\frac{1}{2}} + K(\theta_0)$$

$$= \frac{S}{2} t^{-\frac{1}{2}} + A + \frac{B}{2} t^{\frac{1}{2}} \qquad (2\text{-}13)$$

式中: $B = 3 \int_{\theta_0}^{\theta_s} \eta_3(\theta) \mathrm{d}\theta$;其他符号含义同前。

由于现行的下渗率一般为 mm/min 或 mm/h,因此 t 必然大于 1。由式(2-13)可知,当 $t \rightarrow 0$ 时,$f \rightarrow \infty$,即下渗能力曲线上段无限;当 $t \rightarrow \infty$ 时,$f \rightarrow \infty$。该曲线是发散的。下面来求该曲线的拐点(也为极小值),由式(2-13)对 t 求一阶导数并令其为零得:

$$\frac{\mathrm{d}f(t)}{\mathrm{d}t} = -\frac{S}{4} t^{-\frac{3}{2}} + \frac{B}{4} t^{-\frac{1}{2}} = 0$$

$$St^{-\frac{3}{2}} - Bt^{-\frac{1}{2}} = 0$$

可以解得：当 $t = \dfrac{S}{B} = t^*$，则 t^* 是方程的根，其相应的值为

$$f^* = \sqrt{BS} + A \tag{2-14}$$

从上述可得，式(2-13)下渗能力的极小点在 (f^*, t^*) 处。

由式(2-13)可知，当 t 由 $0 \to t^* \to \infty$ 时，则 f 由 $\infty \to f^* \to \infty$。显然该曲线是发散的，有悖于下渗规律。

Philip 公式在实际下渗过程中，降雨初期与实测值拟合不符，主要是因为 Philip 方程假设地表积水，表层土壤含水量接近饱和且在垂直下渗到一个均质土壤的前提下得到垂直下渗方程的一个近似解，且在 $t \to 0$ 时，$f \to \infty$，使初始土壤湿度较小时，拟合精度受到影响。因此，对 Philip 方程的应用，表层土壤必须接近饱和，而在大多数情况下，这个边际条件都不能得到满足。

3. Horton 下渗能力曲线

1940 年，Horton 通过同心环试验，提出了著名的下渗能力经验公式。在取扩散系数和渗透系数均为常数的情况下，通过分离变量解法，得著名的 Horton 下渗能力公式为

$$f = f_c + (f_0 - f_c)\exp(-\beta t) \tag{2-15}$$

式中，f_0 为初始下渗率；f_c 为稳定下渗率；β 为系数，β 值决定了下渗率由 f_0 减小为 f_c 的速度。

令 $G = f_0\exp(-\beta t)$，$Q = f_c[1 - \exp(-\beta t)]$，则式(2-15)可变为

$$f = f_0 e^{-\beta t} + f_c[1 - \exp(-\beta t)] = G + Q \tag{2-16}$$

式(2-16)有两项，第一项 G，当 $t \to \infty$ 时，$G = 0$，它是完全被土壤所吸收的扩散项。第二项 Q，当 $t = 0$ 时，$Q = 0$；当 $t \to \infty$ 时，$Q = f_c$，显然它是达到饱和带的重力项，也就是说，当 t 由 $0 \to \infty$ 时，Q 由 $0 \to f_c$，即重力渗透是由零逐渐增至稳定下渗率的。但 Horton 公式求解条件严格，它们对均质土壤一维垂直下渗适用性较好，但对非均质土壤有一定的局限性，且没有反应出雨强对下渗的影响。

在给定时间、给定雨强及在初始土壤含水量已知的情况下，实际的

下渗往往取决于任意时间内雨强与下渗强度的大小,实际下渗率可以表达为

$$f(t) = \min\{i(t), \varphi(F)\} \tag{2-17}$$

式中 $i(t)$——雨强,mm/h;

　　　$\varphi(F)$——下渗强度,mm/h。

设次雨强过程为 $i(t)$,则在 t_a(积水时间,产流时刻并非在 t^*,而是在 t^* 之后,即在 t_a 后开始产流,t_a 为地表径流产流时刻,则从 t_a 开始的下渗率,是 $f(t)$ 位移 $\Delta t_a = t_a - t^*$ 的下渗率)以前的下渗并不是充分供水,下渗仅能以实际供水量的大小进行下渗,在 t_a 后开始以霍顿下渗能力下渗。张文华[112]推导出了产流时刻 t_a 的值,其表达式为

$$t_a = \frac{1}{\beta}\left(\frac{f_0 - f_c}{i(t) - f_c} - 1\right) \tag{2-18}$$

因此实际下渗过程为

$$f(t) = \begin{cases} i(t) & t \le t_a \\ f_c + (i_0 - f_c)\exp(-\beta(t - t_a)) & t > t_a \end{cases} \tag{2-19}$$

式(2-19)进一步指出了在不同时间段下渗率和降雨强度,以及实际下渗率与下渗能力之间的下渗关系。在一定土壤质地和结构的情况下,土壤含水量和雨强制约着积水时刻 t_a 的出现,也就是说,初始土壤含水量越大,雨强越大,则开始产流的时间就早,反之开始产流的时间就晚。

2.1.2　混合产流

2.1.2.1　蓄满产流的基本概念和计算原理

蓄满产流是指土壤湿度达到田间持水量以前,所有降雨都被土壤吸收,用以补充土层的缺水量,不产生净雨。当土壤湿度达到田间持水量以后,所有的降雨(减去同期的蒸散发)都变为净雨。蓄满产流是以满足土壤缺水量为产流的控制条件。就流域中某点而言,蓄满前的降雨不产流,净雨为零;蓄满后才产流,产流量可用以下水量平衡方程计算:

$$R' = P - E - (W'_m - W')$$ (2-20)

式中　P、E——某点的降雨量和雨期蒸散发量;

　　　R'——该点有效降雨($PE = P - E$)产生的总净雨深;

　　　W'_m——该点的蓄水容量;

　　　W'——该点降雨开始时的实际蓄水量。

2.1.2.2　流域蓄水容量曲线与产流计算

对于整个流域,因各点蓄满有早有晚,产流也有先有后。因此,在进行流域产流计算时,还要考虑降雨开始时的流域蓄水分布情况。流域蓄水分布情况常采用流域蓄水容量曲线(见图2-2)描述,在蓄满产流模型中流域蓄水容量曲线多采用 b 次抛物线方程表达,其公式为

$$\frac{F_R}{F} = 1 - \left(1 - \frac{W'_m}{W'_{mm}}\right)^b$$ (2-21)

式中　W'_m——流域上某一点的蓄水容量;

　　　W'_{mm}——流域中最大的点蓄水容量;

　　　F_R——小于或等于某一 W'_m 的面积;

　　　F——全流域面积。

流域平均蓄水容量 W_m,可利用下式来推求:

$$W_m = \frac{1}{F}\int_0^F W'_m \mathrm{d}F_R = \int_0^1 W'_m \mathrm{d}\left(\frac{F_R}{F}\right) = \frac{W'_{mm}}{1 + b}$$ (2-22)

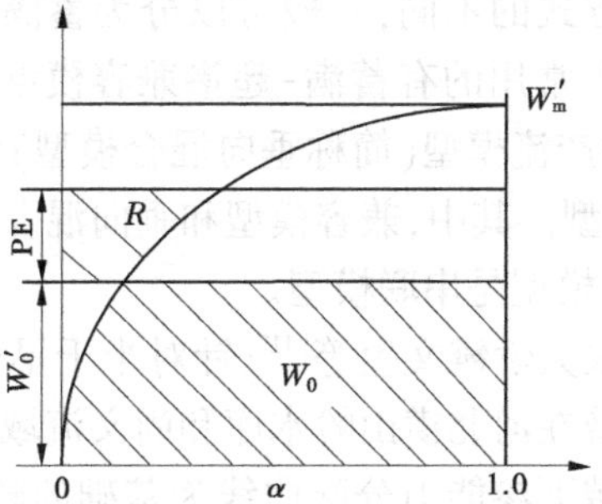

图2-2　流域蓄水容量曲线及降雨产流示意图

流域蓄水量 W 由下式来计算:

$$W = \int_0^A \left(1 - \frac{W'_\mathrm{m}}{W'_\mathrm{mm}}\right)^b \mathrm{d}W'_\mathrm{m} \tag{2-23}$$

积分后,得到与流域蓄水量 W 值相对应的纵坐标值 A 为

$$A = W'_\mathrm{mm}\left[1 - \left(1 - \frac{W}{W_\mathrm{m}}\right)^{\frac{1}{1+b}}\right] \tag{2-24}$$

流域总径流深 R 的计算:

(1)当 PE≤0 时,计算式为

$$R = 0 \tag{2-25}$$

(2)当 PE>0,且 PE+A<$W_\mathrm{m}(1+B)$ 时,计算式为

$$R = \mathrm{PE} - W_\mathrm{m} + W + W_\mathrm{m}\left(1 - \frac{\mathrm{PE} + A}{W_\mathrm{m}(1 + B)}\right)^{1+B} \tag{2-26}$$

(3)当 PE>0,且 PE+A≥$W_\mathrm{m}(1+B)$ 时,计算式为

$$R = \mathrm{PE} - (W_\mathrm{m} - W) \tag{2-27}$$

模型中参数 W_m 是流域平均蓄水容量,它由流域各土层的蓄水容量所组成,代表流域的干旱情况,是个气候因素;参数 B 代表蓄水容量在流域上的不均匀性,它取决于地质、地形条件。

2.1.2.3 混合产流的计算思路

混合产流计算,即是将超渗产流与蓄满产流相结合,主要针对半干旱半湿润地区的产流特点,来综合计算流域产流情况。根据对蓄满产流和超渗产流处理方式的不同,一般可以分为蓄满-超渗串联模型和蓄满-超渗并联模型,常用的有蓄满-超渗兼容模型(简称兼容模型)、蓄满-超渗垂向混合产流模型(简称垂向混合模型)和 VIC(variable infiltration capacity)模型。其中,兼容模型和垂向混合模型可以认为是垂向并联模型,而 VIC 模型是串联模型。

兼容模型是武汉大学雒文生等[117]针对半干旱半湿润地区的产流特点提出的。模型曾在河北横山岭水库和尚义流域应用过。模型用流域的下渗曲线及流域下渗能力分配曲线为基础的超渗产流模式,来考虑由于降雨强度超过下渗能力而产生的地面净雨(形成地面径流的那部分降雨)过程;用以流域蓄水容量曲线为基础的蓄满产流模式,来考虑由于土壤含水量达到田间持水量后超蓄而产生的地下净雨(形成地

下径流的那部分降雨,因为只有超过田间持水量的下渗部分才能形成地下径流)。该模型按照这两种模式的产流原理,将两种产流方式有机地结合起来,形成蓄满-超渗兼容的产流模型。

垂向混合模型是包为民和王从良[118]针对半干旱地区产流特点提出来的。垂向混合法,把超渗产流和蓄满产流垂向组合。降雨 PE 到达地面,首先通过空间分布的下渗曲线,划分为地面径流和下渗水流。下渗的水流,在土壤缺水量大的部分面积上,补充土壤含水量不产流;在缺水量小的流域面积上,补足土壤缺水量后,产生地面以下的径流。垂向混合产流计算,地面径流取决于雨强和前期土湿,当降雨强度满足雨强和前期土湿的条件时,则为超渗产流方式。地面以下的径流,包含壤中流和地下径流,取决于前期土壤含水量和实际下渗水量,在下渗水量补足土壤缺水量的地方产流,否则不产流,则为蓄满产流方式。在垂向混合计算中,流域蓄满、超渗的面积比例是随前期土壤含水量和实际下渗量而随时改变的。

兼容模型将流域下渗能力曲线与流域蓄水容量曲线叠加在一起,因此所产生的地面径流既包括由于降雨强度超过下渗强度而产生的超渗径流,又包括由于包气带被蓄满而产生的蓄满径流,地下径流则由下渗到包气带中的下渗水量产生。模型随着土壤含水量的变化和下渗能力的差异,超渗产流量与蓄满产流量也随之发生变化,对于同一地区,土壤越干燥,越接近于全流域分配的超渗产流模型;土壤越湿润,越接近于蓄满产流模型。模型的这种结构反映了超渗产流和蓄满产流同时作用的特点。而垂向混合模型产生的地面径流是由于降雨强度超过下渗强度而产生的,地下径流是由于下渗的水量补足包气带的缺水量后产生,这一过程的计算与蓄满产流相同。模型认为这种垂向混合结构既简化了结构,减少了参数个数,又达到了产流面积比例随气候变化的目的,模型的这种结构反映了地面径流以超渗产流为主的半干旱地区产流特点。VIC 模型是将蓄满产流和超渗产流方式串联起来的,模型认为在研究流域内或单元格内动态考虑了蓄满和超渗机制,蓄满产流一般发生在靠近河道的地方,而超渗产流方式一般发生在一些远离河道且降雨超过下渗能力的地方。

2.2 流域水文模拟模型

2.2.1 VIC 模型

VIC 可变下渗能力水文模型是美国华盛顿大学、加利福尼亚大学伯克利分校以及普林斯顿大学共同研制的陆面水文模型,是一个基于空间分布网格化的分布式水文模型。该模型参加了 PILPS 许多项目,研究了从小流域到大陆尺度再到全球尺度,在不同气候条件下的应用。作为 SVATs 的一种,VIC 模型可同时进行陆—气间能量平衡和水量平衡的模拟,也可只进行水量平衡的计算,输出每个网格上的径流深和蒸发,再通过汇流模型将网格上的径流深转化成流域出口断面的流量过程,弥补了传统水文模型对能量过程描述的不足。

VIC 模型主要考虑了大气—植被—土壤之间的物理交换过程,反映土壤、植被、大气中水热状态变化和水热传输。模型最初仅包括一层土壤。Liang 等[119]在原模型基础上发展为两层土壤的 VIC-2L 模型,后经改进在模式中增加了一个薄土层(通常取为 100 mm),在一个计算网格内分别考虑裸土及不同的植被覆盖类型,并同时考虑陆—气间水分收支和能量收支过程,称为 VIC-3L。Xie 和 Liang 发展了新的地表径流机制,它同时考虑了蓄满产流和超渗产流机制及土壤性质的次网格非均匀性对产流的影响,并用于 VIC-3L,在此基础上,建立了气候变化对中国径流影响评估模型,将地下水位的动态表示问题归结为运动边界问题,并利用有限元集中质量法数值计算方案,建立了地下水动态表示方法。图 2-3 给出了 VIC-3L 模型的结构原理示意图。

VIC 模型是一个具有一定物理概念的分布式水文模型,其主要特点是:①同时考虑陆—气间水分收支和能量收支过程;②同时考虑两种产流机制(蓄满产流和超渗产流);③考虑次网格内土壤不均匀性对产流的影响;④考虑次网格内降水的空间不均匀性;⑤考虑积雪融化及土壤融冻过程。

VIC 模型已分别用于美国的 Mississippi、Columbia、Arkansas‐Red

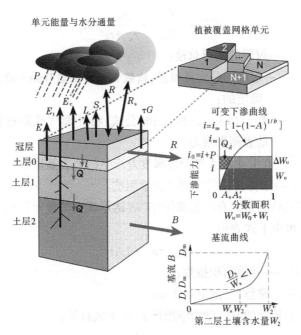

图 2-3　VIC-3L 模型结构图

等流域、德国的 Delaware 等流域的径流模拟,并在国内得到了广泛应用:谢正辉等[120]利用该模型建立了全国 60 km×60 km 网格植被参数库和土壤参数库,对中国的淮河、渭河进行模拟;刘谦等[121]建立了全国 50 km×50 km 网格的径流计算评估模型,对淮河、黄河流域进行了径流模拟;袁飞等[122]将 VIC 模型应用于海河流域;胡彩虹等[123]将该模型应用于栾川、王瑶和尚义 3 个半干旱半湿润流域;张俊等[124]在汉中流域构建了基于 9 km×9 km 网格的 VIC 模型,都取得了较好的效果。下面从蒸发蒸腾、土壤湿度、地表径流、基流等方面详细介绍 VIC模型的基本原理。

2.2.1.1　蒸发蒸腾

模型中考虑植被冠层蒸发、植被蒸腾及裸地蒸发。每个计算网格单元总的蒸发蒸腾量就是冠层、植被和裸地蒸散发量累计后,按照不同地表覆盖种类面积权重的总和。最大冠层蒸发量 E_c^* 可由下式计算：

$$E_c^* = \left[\frac{W_i}{W_{im}}\right] \cdot \frac{r_w}{r_w + r_0} \cdot E_p \qquad (2\text{-}28)$$

式中　W_i——冠层的截留总量；

　　　W_{im}——冠层的最大截留量，指数 2/3 是根据 Deardorff 给的指数确定的；

　　　E_p——基于 Penman-Monteith 公式，将叶面气孔阻抗设为零的地表蒸发潜力；

　　　r_0——在叶面和大气湿度梯度差产生的地表蒸发阻抗；

　　　r_w——水分传输的空间动力学阻抗。

式(2-28)的形式有时也称作"β"表达形式。植被冠层的最大截留水量 W_{im} 可由下式表示：

$$W_{im} = K_L \cdot LAI \qquad (2\text{-}29)$$

式中　LAI——叶面面积指数；

　　　K_L——常数，一般取 0.2 mm。

对水分传输的空气动力学阻抗 r_w 由下式计算：

$$r_w = \frac{1}{C_w \cdot u_n(Z_2)} \qquad (2\text{-}30)$$

式中　$u_n(Z_2)$——在高度 z_2 处的风速；

　　　C_w——水分传输系数。

水分传输系数可以通过考虑大气稳定性来估计，其结果如下：

$$C_w = 1.351 \cdot a^2 \cdot F_w \qquad (2\text{-}31)$$

其中

$$a^2 = \frac{K^2}{\left[\ln\left(\dfrac{Z_2 - d_0}{Z_0}\right)\right]^2} \qquad (2\text{-}32)$$

a 是接近中性稳定状态的黏滞相关系数，von Kármán 常数 K 取 0.4；d_0 是零平面位置高度；Z_0 是粗糙高度。

式(2-31)的 F_w 还可以定义为

$$F_w = \begin{cases} 1 - \dfrac{9.4Ri_B}{1 + c \cdot |Ri_B^{\frac{1}{2}}|}, & Ri_B < 0 \\[4mm] \dfrac{1}{(1 + 4.7Ri_B)^2}, & 0 \leqslant Ri_B \leqslant 0.2 \end{cases} \quad (2\text{-}33)$$

式中　Ri_B——bulk Richadson 数。

c 可以表示为

$$c = 49.82 \cdot a^2 \cdot \left(\frac{Z_2 - d_2}{Z_0}\right)^{\frac{1}{2}} \quad (2\text{-}34)$$

在 Louris 表达式中,对水和热的黏滞相关系数认为是相等的,但是对动量方程可以不同。基于 Blondin 和 Ducondre 等的表达形式,蒸腾可以估计如下:

$$E_t = \left[1 - \left(\frac{W_i}{W_{im}}\right)^{\frac{2}{3}}\right] \frac{r_w}{r_w + r_0 + r_c} E_p \quad (2\text{-}35)$$

式中　r_c——叶面气孔阻抗,下式给出该参数的求法:

$$r_c = \frac{r_{0c} g_{sm}}{\text{LAI}} \quad (2\text{-}36)$$

式中　r_{0c}——最小气孔阻抗;

　　　g_{sm}——土壤湿度压力系数,由地表植被覆盖种类根系可以得到的水量确定,其表达式见下式:

$$g_{sm}^{-1} = \begin{cases} 1, & W_j \geqslant W_j^{cr} \\[3mm] \dfrac{W_j - W_j^w}{W_j^{cr} - W_j^w}, & W_j^w \leqslant W_j \leqslant W_j^{cr} \\[3mm] 0, & W_j < W_j^w \end{cases} \quad (2\text{-}37)$$

式中　W_j——第 j 层($j=1,2$)土壤水分含量;

　　　W_j^{cr}——不被土壤水分影响的蒸腾临界值;

　　　W_j^w——凋萎土壤水分含量。

水分是由从第一层被吸到第二层的分配比例 f_1、f_2 来确定的。在两种情况下没有土壤湿度压力:第一种情况是 $W_2 \geqslant W_1^{cr}$,并且 $f_2 \geqslant 0.5$

时;第二种情况是 $W_1 \geqslant W_2^{cr}$,并且 $f_1 \geqslant 0.5$ 时。也就是说,在公式(2-37)中 $g_{sm} = 1$。在上述第一种情况下,蒸腾量是由第二层来供给的,$E_t = E_2^t$(不考虑第一层水分的供给量);在第二种情况下,蒸腾的水来自第一层,$E_t = E_1^t$,同样没有土壤水分压力。其他情况,蒸腾量可由下式计算:

$$E_t = f_1 E_1^t + f_2 E_2^t \tag{2-38}$$

式中　E_1^t、E_2^t——第一和第二层土壤的蒸腾量,由式(2-35)计算,如果根系值在第一层分布,那么 $E_t = E_1^t$,而且 $f_2 = 0$。

对于连续降雨,且降雨强度又小于叶面蒸发的情况,如果在计算时段没有足够的截留水分满足大气蒸发的需要,那么就必须考虑植被的蒸腾作用。在这种情况下,植物冠层的蒸发 E_c 可以表示为

$$E_c = f E_c^* \tag{2-39}$$

式中　f——冠层蒸发耗尽截留水分所需时间段的比例,可由下式计算:

$$f = \min\left(1, \frac{W + P\Delta t_i}{E_c^* \cdot \Delta t}\right) \tag{2-40}$$

式中　P——降雨强度;

　　Δt——计算时段步长,在计算时段步长内蒸腾量的计算公式如下:

$$E_t = (1.0 - f)\frac{r_w}{r_w + r_0 + r_c}E_p + f\left[1 - \left(\frac{W_i}{W_{im}}\right)^{2/3}\right]\frac{r_w}{r_w + r_0 + r_c}E_p \tag{2-41}$$

式中,第一项表示没有从冠层截留水分蒸发的时段步长比例;第二项是冠层蒸腾发生的时段步长比例。

裸地的蒸发只发生在土壤的第一层,所以第二层土壤的蒸发量假设为零。当第一层土壤湿度饱和的时候,按照蒸发潜力蒸发,即

$$E_1 = E_p \tag{2-42}$$

如果上层土壤不饱和,那么蒸发量 E_1 随裸地入渗、地形和土壤特性的空间不均匀性而变化,计算采用 Francini 和 Paciani 公式。式(2-42)引用了新安江模型蓄水容量曲线的结构,并且假设在计算区

域内入渗能力是变化的,由下式表示:

$$i = i_m \left[1 - (1 - A)^{1/b} \right] \qquad (2\text{-}43)$$

式中 i、i_m——下渗能力和最大下渗能力;

　　A——下渗能力小于 i 的面积比例;

　　b——下渗形状参数。

如果让 A_s 表示裸地土壤水分饱和的面积比例,i_0 表示相应点的下渗能力,那么:

$$E_1 = E_p \left\{ \int_0^{A_s} dA + \int \frac{i_0}{i_m \left[1 - (1 - A)^{1/b} \right]} dA \right\} \qquad (2\text{-}44)$$

式中,第一个积分为发生在土壤水分饱和面积的蒸发量,按照蒸发潜力蒸发,见图2-4;第二个积分项没有解析表达形式,E_1 通过级数展开表示如下:

$$E_1 = E_p \left\{ A_s + \frac{i_0}{i_m} (1 + A_s) \left[1 + \frac{b_i}{1 + b_i} (1 - A_s)^{1/b_i} + \frac{b_i}{2 + b_i} (1 - A_s)^{2/b_i} + \frac{b_i}{3 + b_i} (1 - A_s)^{3/b_i} + \cdots \right] \right\} \qquad (2\text{-}45)$$

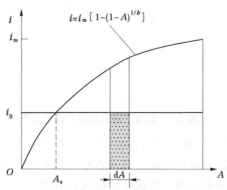

图2-4　裸土蒸发计算示意图

这个方法解释了次网格裸地土壤水分空间不均匀性的问题。

2.2.1.2 地表径流

数值试验研究显示,地表径流主要有蓄满产流和超渗产流两种机制。土壤特性的空间变化、土壤前期湿度、地形和降雨决定径流的产生。对于一个大的区域,如所研究的区域里(或者是 GCMs 网格单元里),这两种产流机制通常在一个网格的不同地方同时发生,忽略两种主要产流机制的任何一种或者不考虑土壤空间的不均匀性都会造成地表径流的过高或者过低估计,而这又会直接造成土壤含水量计算大的误差。因此,正确地模拟地表径流对于合理表示陆地对气候的反馈是十分重要的。

VIC 模型可以在网格单元内同时考虑蓄满产流和超渗产流两种机制,也可以同时考虑次网格土壤空间不均匀性的影响。图 2-5 是概化后研究区域或模型网格单元内部发生超渗产流和蓄满产流的典型水文概念。蓄满产流(图中用蓝灰色阴影面积表示)一般发生在靠近河道的地方,而超渗产流(图中用虚线表示的面积)一般发生在一些远离河道且降雨超过下渗能力的地方。

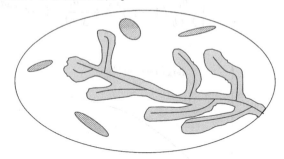

图 2-5 蓄满产流和超渗产流示意图

在 VIC 模型中,蓄满产流和超渗产流分别用土壤蓄水容量面积分配曲线和下渗能力面积分配曲线来表示土壤不均匀性对产流的影响。两条分布曲线分别采用 b、B 次方抛物线表示,即

$$i = i_m [1 - (1 - A)^{1/b}] \tag{2-46}$$

$$f = f_m [1 - (1 - C)^{1/B}] \tag{2-47}$$

式中 i、i_m——土壤蓄水能力和最大土壤蓄水能力;

A——土壤蓄水能力小于或等于 i 的面积比例；

b——土壤蓄水能力形状特征参数，它是土壤蓄水能力空间变化的表征，定义为土壤上层最大水分含量，可以表示土壤特征的空间变异性；

$f\ f_m$——下渗能力和最大下渗能力；

C——下渗能力小于或等于 f 的面积比例；

B——下渗能力形状参数，它是下渗空间变化的表征，定义为每一点地表浸润时的最大下渗率，若 $B=1$ 即为 Standford 模型所采用的空间分布形式。

蓄满产流（用 R_1 表示）发生在初始饱和的面积 A_s 和在时段内变为饱和的部分（A'_s-A_s）内，见图 2-6（a），超渗产流（用 R_2 来表示）发生在剩下的面积（$1-A_s$）上并且在整个超渗产流计算面积[见图 2-6（a）中虚线阴影部分]内重新分配。图 2-6（a）中 R_2 的实际总量由图 2-6（b）的 R_2 来确定。在图 2-6（a）中，P 表示时段步长 Δt 内的总降雨量，降雨量 P 被分成蓄满产流 R_1、超渗产流 R_2 和入渗到土壤的总水量 ΔW，所有这些项都用长度单位来表示。图 2-6（a）中符号 W_t 表示 t 时刻的土壤水分含量，同样用长度单位来表示。

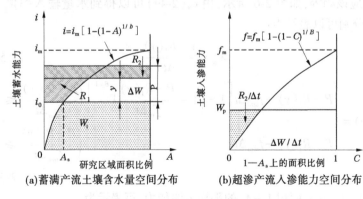

图 2-6　VIC 模型的径流形成示意图

在给定时段降雨量 P 的情况下，根据水量平衡公式，可以得到：

$$P = R_1(y) + R_2(y) + \Delta W(y) \qquad (2\text{-}48)$$

$$y \cdot 1 = R_1(y) + \Delta W \qquad (2\text{-}49)$$

式中 y——假设变量，为图 2-6（a）所示的垂直深度。

基于式（2-49）和 VIC 参数化过程，蓄满产流 $R_1(y)$ 和式（2-50）中土壤水分含量变化 $\Delta W(y)$ 可分别表示为

$$R_1(y) = \begin{cases} y - \dfrac{i_m}{b+1}\left[\left(1 - \dfrac{i_0}{i_m}\right)^{b+1} - \left(1 - \dfrac{i_0 + z}{i_m}\right)^{b+1}\right] & (0 \leqslant y \leqslant i_m - i_0) \\ R_1(y) \mid z = i_m - i_0 + y - (i_m - i_0) & (i_m - i_0 < y \leqslant P) \end{cases}$$

$$(2\text{-}50)$$

和

$$\Delta W(y) = \begin{cases} \dfrac{i_m}{b+1}\left[\left(1 - \dfrac{i_0}{i_m}\right)^{b+1} - \left(1 - \dfrac{i_0 + y}{i_m}\right)^{b+1}\right], & 0 \leqslant y \leqslant i_m - i_0 \\ i_m - i_0 - R_1(y), & i_m - i_0 < y \leqslant P \end{cases}$$

$$(2\text{-}51)$$

式中 i_0——在图 2-6（a）中土壤湿度 W_t 的点相应的土壤蓄水能力。

式（2-48）中超渗产流 R_2 的值，即图 2-6（b）的阴影部分乘以时段长度 Δt，等于图 2-6（a）中所示的 R_2。同时，入渗到上层土壤的总水量 ΔW 应该相等，如图 2-6 所示，由式（2-49）可以得到水量输入率 W_p 及 R_2，分别可以表示为：

$$W_p = \frac{y - R_1(y)}{\Delta t} \qquad (2\text{-}52)$$

$$R_2(y) = \begin{cases} P - R_1(y) - f_{mm}\Delta t\left[1 - \left(1 - \dfrac{P - R_1(y)}{f_m \Delta t}\right)^{B+1}\right] & \left(\dfrac{P - R_1(y)}{f_{mm}\Delta t} \leqslant 1\right) \\ P - R_1(y) - f_{mm}\Delta t & \left(\dfrac{P - R_1(y)}{f_{mm}\Delta t} \geqslant 1\right) \end{cases}$$

$$(2\text{-}53)$$

式中 f_{mm}——面积 $1 - A_s$ 的平均入渗能力，可表示为

$$f_{mm} = \int_0^1 f_m\left[1 - (1 - C^{1/B})\right]\mathrm{d}C = \frac{f_m}{1 + B} \qquad (2\text{-}54)$$

由式（2-50）、式（2-51）和式（2-53）可以看出，除降雨量 P 外，

式(2-48)的所有项都可以表示为 y 的函数,因此如果式(2-48)有 y 的解,那么我们可以相应求得 R_1、R_2 和 ΔW,这也就意味着降雨过程 P 可以通过图2-6(a)所解释的函数和 y 的关系分成 R_1、R_2 和 ΔW 三部分,从数学上确实可以证明有这样的 y 存在,同时还可以证明用于将降雨过程分为 R_1、R_2 和 ΔW 的 y 值的唯一性。

2.2.1.3 基流

基流的计算公式根据 Arno 概念模型得来,这个只用在下层土壤中,由公式表示为

$$Q_b = \begin{cases} \dfrac{D_s D_m}{W_s W_2^c} W_2^-, & 0 \leqslant W_2^- \leqslant W_s W_2^c \\[3mm] \dfrac{D_s D_m}{W_s W_2^c} W_2^- + \left(D_m - \dfrac{D_s D_m}{W_z}\right)\left(\dfrac{W_2^- - W_s W_2^c}{W_2^c - W_s W_2^c}\right), & W_2^- \geqslant W_s W_2^c \end{cases}$$

$$(2-55)$$

式中　Q_b——基流;

　　　D_m——最大基流;

　　　D_s——D_m 的比例系数;

　　　W_2^c——下层的土壤最大水分含量;

　　　W_s——W_2^c 的一个比例系数,满足 $D_s \leqslant W_s$;

　　　W_2^-——下层的土壤计算时段开始时的土壤水分含量。

式(2-55)表示:在某一阈值以下基流是线性消退过程;而土壤水分含量高于这个阈值的时候,基流过程是非线性的。非线性部分是用来表示有大量基流发生时的情况,式(2-55)在线性向非线性变化的过程有连续的一阶导数,可以从图2-7中看出。

2.2.1.4 有植被覆盖土壤的地表径流和地下基流

对于各种有植被覆盖的土壤,按上述原理步骤分别计算地表径流和地下基流,然后根据同一计算单元中不同植被覆盖类型的面积比例统计该单元总的蒸散发量和径流量,计算公式分别如下:

$$E = \sum_{n=1}^{N} C_v[n] \cdot (E_c[n] + E_t[n]) + C_v[n+1] \cdot E_1 \quad (2-56)$$

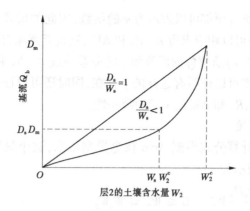

图 2-7 VIC 模型的基流曲线

$$Q = \sum_{n=1}^{N+1} C_v[n] \cdot (Q_d[n] + Q_b[n]) \qquad (2\text{-}57)$$

式中　$C_v[n]$ ——第 n 类（$n = 1, 2, \cdots, N$）地表覆盖类型所占总面积的比例；

$\quad\quad$ $C_v[n+1]$ ——裸地占总面积的比例，那么 $\sum_{n=1}^{N+1} C_v[n] = 1$；

$\quad\quad$ $E_c[n]$，$E_t[n]$，$Q_d[n]$，$Q_b[n]$ ——对应于第 n 类（$n = 1, 2, \cdots, n+1$）陆面覆盖的对应各量。

2.2.1.5　汇流计算与模型参数

VIC 模型对每个单元的水量进行模拟，为了将生成的流量过程与观测值比较，需要利用汇流模型从单元网格演算至流域出口。VIC 模型研究采用较多的是由 Lohmann 发展起来的汇流模型，坡面汇流采用单位线法，河道汇流采用线性圣维南方程。VIC 模型的参数，根据其确定方法可分为两类：一类是根据参数物理意义直接标定的，一般在模式中标定后就不再改动，包括植被参数（如结构阻抗、最小气孔阻抗、叶面面积指数、零平面位移、反照率、粗糙度及根区在土壤中的分布等）和土壤参数（如土壤饱和水力传导度、土壤饱和体积含水量、土壤气压、土壤总体密度、土壤颗粒密度、临界含水量、凋萎点的土壤含水量、残余含水量等）；另一类参数难以直接给定，需要利用流域实测水文资

料进行率定,它们包括:

(1)b:可变下渗曲线参数。该参数定义了可变下渗能力曲线的形状,范围一般是 $10^{-5} \sim 0.4$,初值通常取为 0.2。

(2)D_m:最底土壤层中发生的最大基流。该值取决于水力传导度和网格平均坡度,范围一般为 $0 \sim 30$ mm/d。

(3)D_s:基流非线性增长发生时 D_m 的比例。D_s 越高,水分含量较低的最底层土壤中,基流越高。取值范围在 $0 \sim 1$,初值通常取为 0.001。

(4)W_s:基流非线性增长发生时最底层土壤最大水分含量的比值,它与 D_s 相似。W_s 越大,土壤含水量就越大,从而使非线性基流快速增加,推迟峰现时间。取值范围在 $0 \sim 1$,初始值常取为 0.9。

(5)dep1,dep2,dep3:VIC 模型的 3 层土壤层(顶薄层、上层土壤层和下层土壤层)深度。土壤深度直接影响着蒸散发和洪峰的计算。取值范围一般为 $0.01 \sim 1.5$ m。

2.2.2 SWAT 模型

SWAT(soil and water assessment TOOl)是在 SWRRB 模型基础上发展起来的一个长时段的流域分布式水文模型,它融合了 ARS(agricultural research service)几个模型的特点,把 SWRRB 模型和 ROTO(routing outputs to outlet)两个模型结合起来,开发得到了 SWAT 模型。它具有很强的物理基础,适用于具有不同的土壤类型、不同的土地利用方式和管理条件下的复杂大流域,并能在资料缺乏的地区建模,主要用于模拟、预测不同土地利用及多种土地管理措施应对复杂多变的大流域的水文、泥沙和化学物质的长期影响。模型能够利用 GIS 和 RS 提供的空间信息,模拟流域中多种不同的水文物理过程,是流域尺度上的动态模拟模型。在时间尺度上,模型的运行以日为时间单位(但不适合于对单一洪水过程的详细计算),可以进行长时间连续计算,模拟的结果可以选择以年、月、日为时间单位输出。概括起来 SWAT,模型以三大类子模型构成其主体内容:分别演算陆面及水面部分的水文过程模型、利用 MUSLE(修正后的土壤流失通用方程)求解的土壤侵蚀模型、考虑氮磷营养物为主的污染负荷模型。

2.2.2.1 物理机制

SWAT 模型对水文过程的模拟在子流域和水文响应单元(HRU)上进行,分为两部分:一部分是陆面部分,即产流和坡面汇流部分,是控制主河道的水量、泥沙量、营养成分及化学物质多少的各个水分循环过程;另一部分是水循环的水面部分,即河道汇流部分,是和汇流相关的各个水分循环过程,其决定着水分、泥沙等物质在河网中向流域出口处的输移运动。SWAT 模型的水循环物理过程见图 2-8。

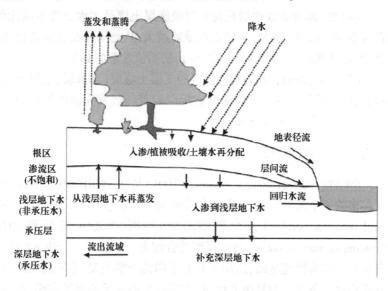

图 2-8 SWAT 模型的水循环物理过程示意图

根据水文循环原理,SWAT 模型水文计算是基于如下的水量平衡方程:

$$SW_t = SW_0 + \sum_{i=1}^{t} (R_{day} - Q_{surf} - E_a - W_{seep} - Q_{gw}) \quad (2\text{-}58)$$

式中　SW_t——土壤最终含水量,mm;

　　　　SW_0——土壤前期含水量,mm;

　　　　t——时间步长,d;

R_{day}——第 i 天降水量,mm;

Q_{surf}——第 i 天的地表径流,mm;

E_a——第 i 天的蒸发量,mm;

W_{seep}——第 i 天存在于土壤剖面底层的渗透量和侧流量,mm;

Q_{gw}——第 i 天地下水含量,mm。

SWAT 模型水文循环陆地阶段主要有水文、天气、沉积、土壤温度、作物产量、营养物质和农业管理等部分组成。

由于对象区域被分割成若干子流域,每一个子流域进一步划分为若干水文响应单元。蒸发蒸腾的计算可以分别对不同的作物和土壤进行。地表径流是先对每一个水文相应单元分别进行计算,再通过汇流得到流域的总径流量。

SWAT 模型产流计算流程图如图 2-9 所示。

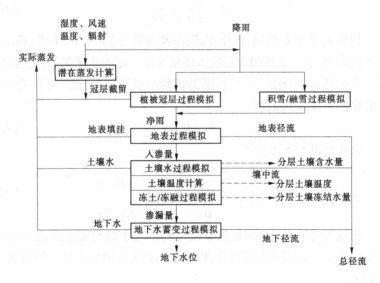

图 2-9 SWAT 模型产流计算流程图

2.2.2.2 地表径流

当落到地表的降水量多于入渗量时产生地表径流。SWAT 模型采用 SCS 径流曲线法计算。SCS 曲线方程自 20 世纪 50 年代逐渐得到广泛使用,属于经验模型,是对全美小流域降水与径流关系 20 多年的研究成果。模型能反映不同土壤类型和土地利用方式及前期土壤含水量对降雨径流的影响,它是基于流域的实际入渗量(F)与实际径流量(Q)之比等于流域该场降雨前的最大可能入渗量(S)与最大可能径流量(Q_m)之比的假定基础上建立的。

SCS 模型的降雨-径流基本关系表达式如下:

$$\frac{F}{Q} = \frac{S}{Q_m} \tag{2-59}$$

式中,假定潜在径流量(Q_m)为降水量(P)与由径流产生前植物截留、初渗和填洼蓄水构成的流域初损(I_a)的差值。由此推导式(2-59)为

$$Q = \frac{(P - I_a)^2}{S + P - I_a} \tag{2-60}$$

初损 I_a 受土地利用、耕作方式、灌溉条件、冠层截留、下渗、填洼等因素的影响,它与土壤最大可能入渗量 S 呈一定的正比关系,美国农业部土壤保持局在分析了大量长期的试验结果基础上,提出了两者最合适的比例系数为 0.2,即

$$I_a = 0.2S \tag{2-61}$$

由此可得 SCS 方程为

$$Q = \begin{cases} \dfrac{(P - 0.2S)^2}{P + 0.8S} & P \geqslant 0.2S \\ \\ 0 & P \leqslant 0.2S \end{cases} \tag{2-62}$$

流域当时最大可能滞留量 S 在空间上与土地利用方式、土壤类型和坡度等下垫面因素密切相关,模型引入的 CN 值可较好地确定 S,公式如下:

$$S = \frac{25\,400}{CN} - 254 \tag{2-63}$$

CN 是一个无量纲参数,CN 值是反映降雨前期流域特征的一个综合参数,它是前期土壤湿度、坡度、土地利用方式和土壤类型状况等因

素的综合。

2.2.2.3 蒸散发

模型考虑的蒸散发是指所有地表水转化为水蒸气的过程,包括树冠截留的水分蒸发、蒸腾和升华及土壤水的蒸发。蒸散发是水分转移出流域的主要途径,在许多江河流域,蒸发量都大于径流量。准确地评价蒸散发量是估算水资源量的关键,也是研究气候和土地覆盖变化对河川径流影响的关键。

1. 潜在蒸散发

模型提供了 Penman-Monteith、Priestley-Taylor 和 Hargreaves 三种计算潜在蒸散发的方法,另外还可以使用实测资料或已经计算好的逐日潜在蒸散发资料。一般采用 Penman-Monteith 方法来计算流域的潜在蒸散发。

2. 实际蒸散发

实际蒸散发以潜在蒸散发为计算基础。在计算流域实际蒸散发量的时候,模型首先计算植物冠层截留水分的蒸发,然后计算最大蒸腾量、最大升华量和最大土壤蒸发量,最后计算实际的升华量和土壤水分蒸发量。

3. 冠层截留蒸发量

模型在计算实际蒸发时假定尽可能蒸发冠层截留的水分,如果潜在蒸发量 E_0 小于冠层截留的自由水量 E_{INT},则

$$E_a = E_{can} = E_0 \tag{2-64}$$

$$E_{INT(f)} = E_{INT(i)} - E_{can} \tag{2-65}$$

式中　E_a——某日流域的实际蒸发量,mm;

　　　E_{can}——某日冠层自由水蒸发量,mm;

　　　E_0——某日的潜在蒸发量,mm;

　　　$E_{INT(i)}$——某日植被冠层自由水初始含量,mm;

　　　$E_{INT(f)}$——某日植被冠层自由水终止含量,mm。

如果潜在蒸发量 E_0 大于冠层截留的自由水含量 E_{INT},则

$$E_{can} = E_{INT(i)} \tag{2-66}$$

$$E_{INT(f)} = 0 \tag{2-67}$$

当植被冠层截留的自由水被全部蒸发掉,继续蒸发所需的水分就会从植被和土壤中得到。

4. 植物蒸腾

假设植物生长在一个理想的条件下,植物蒸腾可用以下表达式计算:

当 $0 \leqslant LAI \leqslant 3.0$ 时

$$E_t = \frac{E_0' \times LAI}{3.0} \tag{2-68}$$

当 $LAI > 3.0$ 时

$$E_t = E_0' \tag{2-69}$$

式中　E_t——某日最大蒸腾量,mm;

　　　E_0'——植被冠层自由水蒸发调整后的潜在蒸发,$E_0' = E_0 - E_{can}$,mm;

　　　LAI——叶面面积指数。

因为没有考虑到植物下面土层的含水量问题,由式(2-68)、式(2-69)计算出的蒸腾量可能比实际蒸腾量要大一些。

5. 土壤水分蒸发

在计算土壤水分蒸发时,首先区分出不同深度土壤层所需要的蒸发量,土壤深度层次的划分决定土壤允许的最大蒸发量,可由下式计算:

$$E_{soil,z} = E_s'' \frac{z}{z + \exp(2.347 - 0.00713z)} \tag{2-70}$$

式中　$E_{soil,z}$——z 深度处蒸发需要的水量,mm;

　　　z——地表以下土壤的深度,mm。

式(2-70)中的系数是为了满足 50% 的蒸发所需水分来自土壤表层 10 mm,以及 95% 的蒸发所需水分来自 0~100 mm 土壤深度范围内。

土壤水分蒸发所需要的水量是由土壤上层蒸发需水量与土壤下层蒸发需水量决定的,即

$$E_{soil,ly} = E_{soil,zl} - E_{soil,zu} \qquad (2\text{-}71)$$

式中 $E_{soil,ly}$——ly 层的蒸发需水量,mm;

$E_{soil,zl}$——土壤下层的蒸发需水量,mm;

$E_{soil,zu}$——土壤上层的蒸发需水量,mm。

土壤深度的划分假设 50% 的蒸发需水量由 0~10 mm 内土壤上层的含水量提供,因此 100 mm 的蒸发需水量中 50 mm 都要由 10 mm 的上层土壤提供,显然上层无法满足需要,这就需要建立一个系数来调整土壤层深度的划分,以满足蒸发需水量,调整后的公式可以表示为

$$E_{soil,ly} = E_{soil,zl} - E_{soil,zu} \times esco \qquad (2\text{-}72)$$

式中,esco 为土壤蒸发调节系数,该系数是 SWAT 为调整土壤因毛细作用和土壤裂隙等因素对不同土层蒸发量提出的,对于不同的 esco 值对应着相应的土壤层划分深度。

2.2.2.4 土壤水

渗入到土壤中的水有多种不同运动方式。土壤水可以被植物吸收或蒸腾而损耗,可以渗透到土壤底层最终补给地下水,也可以在地表形成径流,即壤中流。由于主要考虑径流量的多少,因此对壤中流的计算简要概括。模型采用动力储水方法计算壤中流。相对饱和区厚度 H_0 计算公式为

$$H_0 = \frac{2 \times SW_{ly,excess}}{1\,000 \times \Phi_d \cdot L_{hill}} \qquad (2\text{-}73)$$

式中 $SW_{ly,excess}$——土壤饱和区内可流出的水量,mm;

L_{hill}——山坡坡长,m;

Φ_d——土壤可出流的孔隙率。

Φ 为土壤层总孔隙度,即 Φ_{soil} 与土壤层水分含量达到田间持水量的孔隙度 Φ_{fc} 之差,即

$$\Phi = \Phi_{soil} - \Phi_{fc} \qquad (2\text{-}74)$$

山坡出口断面的净水量为

$$Q_{lat} = 24 \times H_0 \cdot v_{lat} \qquad (2\text{-}75)$$

式中 v_{lat}——出口断面处的流速,mm/h,其表达式为

$$v_{lat} = K_{sat} \cdot slp \tag{2-76}$$

式中　K_{sat}——土壤饱和导水率，mm/h；

　　　slp——坡度。

总结上面表达式，模型中壤中流最终计算公式为

$$Q_{lat} = 0.024 \times \frac{2SW_{ly,excess} \cdot K_{sat} \cdot slp}{\varPhi \cdot L_{hill}} \tag{2-77}$$

2.2.2.5　地下水

模型采用以下表达式来计算流域地下水：

$$Q_{gw,i} = Q_{gw,i-1} \cdot \exp(-\alpha_{gw} \cdot \Delta t) + w_{rchrg,i} \cdot [1 - \exp(-\alpha_{gw} \cdot \Delta t)] \tag{2-78}$$

式中　$Q_{gw,i}$——第 i 天进入河道的地下水补给量，mm；

　　　$Q_{gw,i-1}$——第 $i-1$ 天进入河道的地下水补给量，mm；

　　　Δt——时间步长，d；

　　　$w_{rchrg,i}$——第 i 天蓄水层的补给流量，mm；

　　　α_{gw}——基流的退水系数。

其中补给流量由下式计算：

$$w_{rchrg,i} = [1 - \exp(-1/\delta_{gw})] \cdot W_{seep} + \exp(-1/\delta_{gw}) \cdot w_{rchrg,i-1} \tag{2-79}$$

式中　$w_{rchrg,i}$——第 i 天蓄水层的补给流量，mm；

　　　δ_{gw}——补给滞后时间，d；

　　　W_{seep}——第 i 天通过土壤剖面底部进入地下含水层的水分通量，mm/d；

　　　$w_{rchrg,i-1}$——第 $i-1$ 天蓄水层补给量，mm。

2.2.3　新安江模型

新安江模型是赵人俊等在 1973 年对新安江水库做入库流量预报工作中，归纳成的一个完整的降雨径流模型[2]。最初的模型为两水源（地表径流和地下径流），后来，相继提出了三水源和四水源的新安江模型。模型主要由四部分组成，即蒸散发计算、蓄满产流计算、流域水

源划分和汇流计算。两水源是按 Horton 产流理论用稳定下渗率把总径流划分成超渗地面径流和地下径流,而三水源是采用自由水蓄水水库把径流划分成地面径流、壤中流和地下径流。地面径流汇流计算一般采用单位线法,壤中流和地下径流汇流计算采用线性水库法。三水源新安江模型的基本结构流程图如图 2-10 所示。

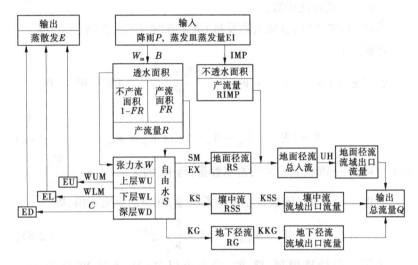

图 2-10　三水源新安江模型的基本结构流程图

在产流计算中,引入张力蓄水容量曲线(见图 2-11),并以 B 次抛物线来表示降雨分布均匀时的产流面积的变化情况,即

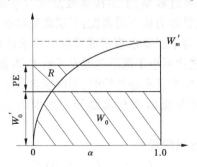

图 2-11　新安江模型产流示意图

$$\alpha = 1 - \left(1 - \frac{W}{W'_m}\right)^B \tag{2-80}$$

式中　W——点蓄水容量,mm;

　　　W'_m——流域的最大点蓄水容量,mm;

　　　α——小于或等于 W 的面积占流域面积的比值;

　　　B——经验性指数。

当净雨 PE(降雨量减去蒸发量)大于 0 时,产流;否则,不产流。

产流时:

$$R = PE - (W_m - W_0) + W_m\left[1 - \frac{PE + W'_0}{W'_m}\right]^{1+B}, PE + W'_0 < W'_m \tag{2-81}$$

$$R = PE - (W_m - W_0), PE + W'_0 \geqslant W'_m \tag{2-82}$$

式中　W_m——流域上的平均蓄水容量,与 W'_m 的关系为:$W_m = \dfrac{W'_m}{1+B}$;

　　　W'_0——与 W_0(流域初始平均蓄水量)相应的纵坐标值,即

$$W'_0 = W'_m\left[1 - \left(1 - \frac{W_0}{W_m}\right)^{\frac{1}{1+B}}\right] \tag{2-83}$$

采用三层计算模型,将 W_m 分为上层 WUM、下层 WLM 和深层 WDM,关系为:$W_m = WUM + WLM + WDM$。蒸散发能力 EM = CKE · EI。上、下、深各层的流域蒸散发量 EU、EL 和 ED 的关系为:$E = EU + EL + ED$。各层蒸发计算过程是:上层按蒸散发能力蒸发;上层含水量不够蒸发时,剩余蒸散发能力从下层蒸发;下层蒸发与剩余蒸散发能力及下层含水量成正比,与下层蓄水容量成反比。要求计算的下层蒸发量与剩余蒸散发能力之比不小于深层蒸散发系数 C;否则,不足部分由下层含水量补给,当下层水量不够补给时,用深层含水量补。

采用自由水容量曲线将径流划分为地面径流、壤中流和地下径流(见图 2-12)。

自由水蓄水容量曲线为

$$\frac{f}{FR} = 1 - \left(1 - \frac{S'M}{MS}\right)^{EX} \tag{2-84}$$

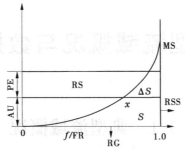

图 2-12 新安江模型径流划分示意图

式中 S'M——点自由水容量;

  MS——自由水最大的点蓄水容量;

  f——自由水蓄水量小于或等于 S'M 的面积;

  EX——抛物线指数。

平均自由蓄水容量 SM 与 MS 的关系为:$MS = SM(1+EX)$。因此,与自由蓄水容量相对应的蓄水容量曲线的纵坐标值 AU 可以表示为

$$AU = (1 + EX)SM\left[1 - \left(1 - \frac{S}{SM}\right)^{\frac{1}{1+EX}}\right] \tag{2-85}$$

如果 AU+PE<MS,则有

$$RS = FR\left\{PE - SM + S + SM\left(1 - \frac{PE + AU}{MS}\right)^{1+EX}\right\} \tag{2-86}$$

否则

$$RS = FR(PE + S - SM) \tag{2-87}$$

其余的径流量 ΔS 填充自由蓄水 S,转换为壤中径流 RSS 和地下径流 RG,即

$$RSS = S \cdot KS \cdot FR \tag{2-88}$$

$$RG = S \cdot KG \cdot FR \tag{2-89}$$

式中 KS——自由蓄水库对壤中流的出流系数;

  KG——自由蓄水库对地下径流的出流系数,壤中流和地下径流经线性水库分别演算到流域出口。

模型参数共有 15 个,即产流参数 W_m、B、WUM、WLM、IMP、EX、SM、KS、KG,蒸发系数 CKE、C,汇流参数 KSS、KKG、N、NK。

3 典型流域概况与数据准备

3.1 典型流域概况

3.1.1 河道概况

窟野河发源于内蒙古自治区鄂尔多斯市柴登乡拌树村,河流自西北流向东南,流经鄂尔多斯市伊金霍洛旗、康巴什新区、东胜区,于神木县后石圪台进入陕西省境内,在陕西省神木县店塔镇房子塔处与支流悖牛川汇合,最后于神木县贺家川镇沙峁村汇入黄河。窟野河在内蒙古鄂尔多斯市境内也称乌兰木伦河,在支流悖牛川入口以下河段称窟野河。流域总面积 8 706 km²,其中内蒙古自治区境内 4 635 km²,陕西省境内 4 071 km²;干流全长 242 km,其中内蒙古自治区境内 94 km,陕西省境内 148 km,河道平均比降 3.14‰。窟野河流域图见图 3-1。

窟野河流域从河源至转龙湾(东、西乌兰木伦河汇合处)称为上游,全长为 68 km,河道平均比降 4.5‰,控制流域面积 1 893 km²,占全流域面积的 21.7%,其中东乌兰木伦河控制流域面积 430 km²,西乌兰木伦河控制流域面积 1 463 km²。上游河段河谷顺直、开阔,平均谷底宽约 800 m,无明显河槽,两岸有基岩出露,河谷内一般多为荒滩地,砂质粗,缺乏灌溉设施,川地利用少,多为灌木林。

转龙湾至神木县称为中游,长为 98.5 km,河道平均比降 2.8‰,区间流域面积为 5 406 km²(其中包括支流悖牛川),占全流域面积的 62.1%。中游河段河谷顺直、宽阔,谷底宽 1 000 m 左右,有明显的滩槽之分,河槽宽 100~300 m,河谷两岸岩石出露 50~100 m,均系上迭统砂岩,岩石完整,风化不严重。

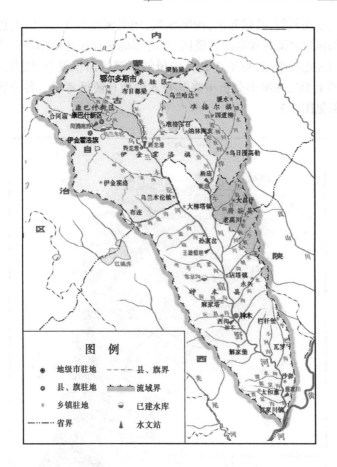

图 3-1　窟野河流域图

神木以下至入黄河口为下游,长为 75.3 km,区间流域面积 1 407 km²,占全流域面积的 16.2%,河道平均比降为 2.3‰。下游河段河流弯曲,河谷狭窄,一般宽 400~600 m,两岸岩石出露 100 m 以上,风化较为严重,河谷滩地为一云、二云灌区,是主要农田区。

3.1.2　地形地貌

窟野河流域位于黄土高原与毛乌素沙漠的过渡地带,总的地势由西北向东南倾斜,波状起伏,沟壑纵横,沟壑密度 3.3 km/km²,组成了西北部风沙草滩区和砂质丘陵区、东北部砾质丘陵区和南部黄土丘陵区等四种地貌类型,见图 3-2,其中风沙草滩区面积很小,约占流域总面积的 1.5%,在本书分析中将其并入砂质丘陵区考虑。各分区面积及比例见图 3-3。

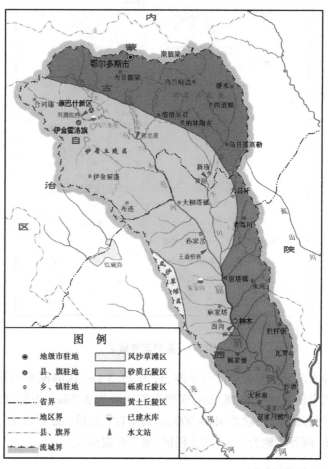

图 3-2 窟野河地貌类型分区图

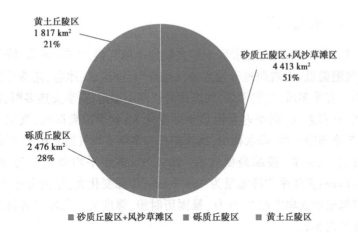

图 3-3　窟野河地貌类型分区面积比例图

（1）砂质丘陵区，位于西北部和西部。受西北季风和沙漠东南移动的影响，沙漠向本流域延伸，风沙地貌较为发育，地形高差较小。受侵蚀作用，沟壑呈树枝状分布，在较大的沟道中有洪积滩地。

（2）砾质丘陵区，主要分布在乌兰木伦河上游和悖牛川中上游。在干流的东北部和北部，出露的岩石为白垩系灰绿色砂岩和红色砂岩，风化非常严重，侵蚀沟谷比较发育。局部为坡积、风积的沙丘所覆盖，河流沟道基本上是季节性河流，河床宽浅，经常断流，地表植被稀少，水土流失严重。

（3）黄土丘陵区，主要分布在老高川—神木—解家堡一线以南。地表有较厚的黄土层覆盖，受长期的流水侵蚀，地形沟壑纵横、梁峁起伏，沟深坡陡，地形十分破碎，是典型的黄土丘陵沟壑区地貌景观。

窟野河流域内地表组成物质主要为黄土、风沙土和砒砂岩，颗粒组成粗。整个流域植被稀疏，覆盖率较低，河流侵蚀严重，自西北向东南逐渐加剧，是黄河流域土壤侵蚀最严重的地区，也是黄河粗泥沙的主要来源区之一。

3.1.3 水文气象

窟野河流域属北温带半干旱大陆性季风气候,干旱、风大、降雨集中、气温偏低、无霜期短等为主要气候特点,沙尘暴、冰雹、霜冻等频繁发生。春季多风,气候干燥,气温回升快而不稳定;夏季炎热多雨,蒸发强烈,日温差大,雨季迟且雨量年际变化大;秋季凉爽湿润,气温下降快;冬季寒冷干燥,降水稀少,冰冻期长。多年平均气温8.6℃,极端最高气温38.9℃,极端最低气温−28.1℃;多年平均蒸发量为900~1 200 mm;多年平均降雨量为368.2 mm,年际变化大,年内分布不均,多以暴雨形式集中在7~9月,暴雨历时短、强度大。流域内各县降水特征见表3-1。

表3-1 窟野河流域各县降水特征表

县 (旗、区)	面积/ km²	年降雨量/mm					年蒸发量/ mm
		最大值		最小值		多年 平均	
		降雨量	年份	降雨量	年份		
准格尔旗	953	635.5	1961	142.5	1965	393.8	2 133.4
东胜区	1 101	709.7	1961	198.5	1962	368.11	2 271.4
伊金霍洛旗	2 604	624.7	1967	100.8	1962	357.1	1 854.0
神木县	3 608	819.1	1967	108.6	1965	423.8	1 788.4
府谷县	440	849.6	1954	199.6	1965	447	1 092.2

3.1.4 暴雨洪水

窟野河流域的洪水主要由暴雨形成,一般发生在7~9月,洪水历时一般在24 h以内。区域暴雨洪水的特点是一次降雨笼罩面积小,多属雷阵雨,强度大,历时短,加之黄土高原山高坡陡,地形破碎,沟壑纵横,产汇流快,河槽调蓄能力差,洪水一般来势凶猛,历时短,具有陡涨陡落、洪峰尖瘦、峰高量小等特征。如1976年8月2日洪水,神木站历时 2.7 h,流量从 270 m³/s 陡涨到 13 800 m³/s;下游温家川水文站历时 2.2 h,流量从 100 m³/s 陡涨到 14 000 m³/s,洪水全过程仅为 12~15 h。

3.1.5 水土保持治理概况

窟野河流域是黄土高原与毛乌素沙漠的过渡地带,地势由西北向东南倾斜,沟壑密度 3.3 km/km²,水土流失面积 8 305 km²,占流域面积的 95%。流域中上游风水蚀交错,土壤沙化严重,砒砂岩广泛分布于流域东北部;流域中下游沟壑纵横,侵蚀剧烈,土壤侵蚀类型以水蚀为主。

窟野河水土流失强度大,多年平均侵蚀模数 1.55 万 t/(km²·a)(1954~1979 年系列),局部地区高达 2 万~4 万 t/(km²·a),是黄河流域土壤侵蚀最严重的地区;该流域涉及多沙粗沙面积 5 456 km²,占窟野河流域总面积的 62.7%,占黄河中游多沙粗沙区总面积(7.86 万 km²)的 6.9%;涉及粗泥沙集中来源区面积 4 001 km²,占窟野河流域总面积的 46.3%,占黄河中游多沙粗沙区总面积(1.88 万 km²)的 21.3%;是黄河粗泥沙的主要来源区之一;流域含沙量高,输沙集中,年际变化大,主要集中在 6~9 月,其产沙量一般占年产沙量的 96% 以上,在 7~8 月的输沙量占全年输沙量的 92.2%;流域不合理地开发利用水土资源,造成土壤的加速侵蚀,人为水土流失时有发生。

流域水土保持治理工作起始于 20 世纪 50 年代,多年来,流域内坚持因地制宜,大力开展造林种草,防风固沙,引洪漫地,打坝淤地等扩大基本农田,并积极开展小流域综合治理。经过科学规划,因地制宜,改变机制,加大投入,"谁治理、谁受益",群众积极性大大提高。据第一次全国水利普查,截至 2011 年,窟野河流域累计建设梯田 1.50 万 hm²,人工造林面积 44.54 万 hm²,人工草地 12.25 万 hm²,封禁 20.20 万 hm²;修建淤地坝 1 321 座,坝地保存面积 6 409 hm²。

根据调查资料分析,从治理进度分析,2000 年前,投入少,治理缓慢;"十五""十一五"期间,投入大,十年期间治理度由 14.2% 提高到 38.22%,增加了 24% 以上。从措施结构分析,自然条件较好区域或矿区周边,乔木林比重大;沟道工程建设初成规模,区域内减沙效果明显,沟道坝系工程体系仍需进一步完善。从措施布设位置分析,主要布设在建设条件较好区域,乔木林比例大。

3.2 数据准备

考虑到本书主要以探讨模型构建为主要研究任务,根据各种资料数据的可获得性,将资料系列截至年份确定为 2013 年。

3.2.1 气象资料

3.2.1.1 水文部门数据

1.站点情况

水文部门气象数据主要为日雨量资料,资料系列为 1954~2013 年。窟野河雨量站的布设数量不同时期差别较大,20 世纪 50 年代初期布设的雨量站不到 5 个,1965 年增加至 6 个,1965 年以后雨量站数量迅速增加至 16 个,至 70 年代末布设雨量站数量更是达到了近 40 个。窟野河不同年代雨量站数量及分布情况见图 3-4、图 3-5。

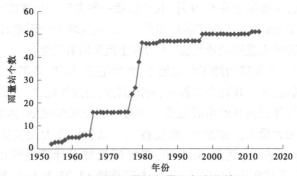

图 3-4 窟野河雨量站数量逐年变化情况

本次采用雨量资料均为整编刊印成果,资料精度较高,面雨量计算方法采用泰森多边形法。

2.雨量资料整理与分析

考虑到不同时期窟野河雨量站数量差别较大,可能对计算结果的

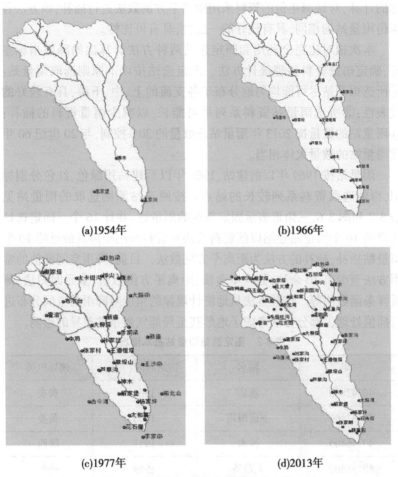

(a)1954年   (b)1966年

(c)1977年   (d)2013年

图 3-5 窟野河不同年代雨量站分布情况

一致性及可靠性产生一定的影响,因此需要对雨量站资料采用方式进行分析。目前,在降雨变化分析研究中,常采用的处理方式主要有两种:一是完全利用,即按照雨量站的布设情况,各年份有多少雨量资料就利用多少雨量资料,不对缺测资料进行插补,该方法能够充分利用已有的雨量观测资料,从而保证了雨量站较多年份雨量成果统计的准确性和可靠性。二是固定选站,即各年份选取相同的雨量站进行降雨指标的计算,对缺测年份的资料采用距离平方倒数法进行插补,该方法各年份雨量站均相同,具有较好的一致性,具有可比性。

本次拟对比完全利用和固定选站两种方法计算出的降雨指标差异,确定雨量资料整理统计方法。固定选站按以下原则选取雨量站:①所选雨量站尽可能均匀地分布于各支流的上、中、下游,具有较好的代表性;②所选雨量站资料系列尽可能长,以减少雨量资料的插补;③雨量站的数量按 2013 年雨量站总数量的 30%控制,与 20 世纪 60 年代雨量站的数量大体相当。

雨量站按 1969 年以前建站、1969 年以后建站用绿色、红色分别标识,以便选取资料系列较长的站点。按照选站原则选取的雨量站见表 3-2 和图 3-6,三角形表示固定选取的雨量站,共计 16 个。固定选站选取的 16 个雨量站建站以前资料及缺测资料采用距离其最近的 10 个雨量站插补,插补的方法为距离平方倒数法。目前,降雨空间插值的常用方法至少有 10 余种,如克里金法、距离平方倒数法、多元回归法、薄板样条函数法等。这些方法从地统计规律的角度对降雨的空间分布进行插值处理,部分方法考虑了地形甚至局部气候条件差异的影响。

表 3-2　固定选站雨量站基本情况

站码	站名	建站时间(年)	领导机关
40742800	新庙	1966	黄委
40733800	王道恒塔	1958	黄委
40746400	神木	1951	陕西
40751800	大路湾	1959	陕西
40755400	温家川	1953	黄委
40753600	太和寨	1966	黄委
40745800	芦草沟	1966	黄委
40743400	乔家梁	1966	黄委
40744600	张家村	1966	黄委

续表 3-2

站码	站名	建站时间(年)	领导机关
40723600	楸家塔	1977	黄委
40726600	布尔台	1977	黄委
40725400	大卡钳沟	1977	黄委
40737400	铧尖	1977	黄委
40728400	霍洛	1977	黄委
40736200	武家沟	1980	黄委
40731400	高家塔	1979	黄委

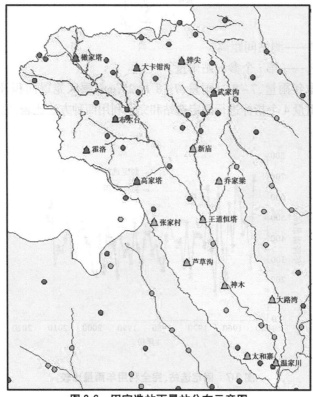

图 3-6 固定选站雨量站分布示意图

对此,许多学者开展了插值方法的比较研究,结果表明没有一种"完美"的降雨空间插值方法,且并不是越复杂的方法就能够获得越高的精度,需要根据研究区域实际情况选用适当方法。在诸多方法中,距离平方倒数法的算法简单,容易实现,应用较为广泛。考虑到研究区域的具体地形地理情况,从实用性和简便性的角度,本次采用距离平方倒数法进行空间插值。距离平方倒数法以待插补站与参证站距离平方的倒数作为权重来计算待插补站的雨量值,待插补站与参证站距离越近,权重系数越大,即

$$P_{插补} = \frac{\sum_{i=1}^{10} \frac{1}{d_i^2} P_i}{\sum_{i=1}^{10} \frac{1}{d_i^2}} \quad (3\text{-}1)$$

式中　d——测站间距离;

　　　P_i——第 i 个参证站雨量。

选取年雨量、7~8 月雨量、7~8 月 25 mm 雨区笼罩面积及 25 mm 以上降雨量 4 个指标进行固定选站和完全利用两种方法比较,见图 3-7~图 3-10。

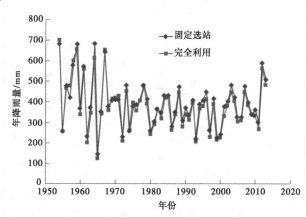

图 3-7　固定选站、完全利用年雨量比较

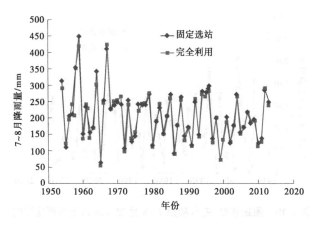

图 3-8　固定选站、完全利用 7～8 月雨量比较

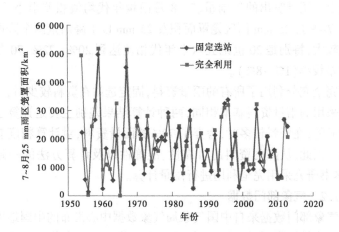

图 3-9　固定选站、完全利用 7～8 月 25 mm 雨区笼罩面积比较

从图 3-7～图 3-10 中可以看出固定选站和完全利用计算出的年雨量、7～8 月雨量相差较小，相对误差不超过 16%，相对误差超过 10% 的年份主要集中在 1965 年以前。7～8 月 25 mm 雨区笼罩面积及 25 mm 以上降雨量两个降雨指标相差较大，特别是 20 世纪五六十年代相差均较大，70 年代以后随着雨量站的增加，两者差异整体有所减小。

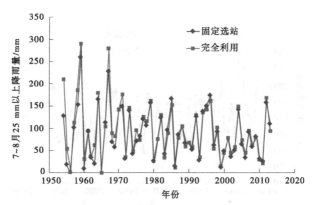

图 3-10　固定选站、完全利用 7~8 月 25 mm 以上降雨量比较

表 3-3 是两种方法计算的各年代均值,从表中可以看出固定选站和完全利用计算出的年雨量、7~8 月雨量年代均值相差很小,不超过 6%。7~8 月 25 mm 雨区笼罩面积及 25 mm 以上降雨量两个降雨指标相差较大,特别是 20 世纪五六十年代相差达到 20%~22%,70 年代以后相差较小(1%~8%)。

完全充分利用了所有的雨量资料,固定选站在资料较少时,与完全利用采用的雨量资料基本相同,两种计算结果差别主要是计算手段不同造成的;在资料较多时,舍弃了 70% 的雨量资料,对计算精度有一定影响。因此,从降雨资料的可靠性、准确性以及计算方法的一致性考虑,本书研究采用完全利用进行雨量计算。

3.2.1.2　气象部门数据

气象部门数据来自中国气象局气象数据中心发布的中国地面气候资料日值数据集,数据站点包括涉及流域范围内的内蒙古自治区和陕西省两个省份(自治区)的站点,数据内容包括主要为模型计算需要用到的雨量数据、气温数据和风速等数据,资本数据集由各省上报的全国地面月报信息化文件根据《全国地面气候资料(1961~1990)统计方法》及《地面气象观测规范》的有关规定,进行整编统计而得。数据集为中国 756 个基本、基准地面气象观测站及自动站 1951 年至最新日值数据集,要素包括平均本站气压、日最高本站气压、日最低本站气压、平

表 3-3 不同方法各年代均值比较

降雨指标	方法	时段(年)					
		1954~1969	1970~1979	1980~1989	1990~1999	2000~2013	1954~2013
年雨量	固定选站	451.4	384.3	353.3	346.3	395.3	393.2
	完全利用	446.1	382.1	340.1	327.0	375.0	381.3
	相对误差	1%	1%	4%	6%	5%	3%
7~8月雨量	固定选站	243.2	213.1	184.8	194.3	187.1	207.2
	完全利用	238.9	214.8	182.6	190.8	184.9	204.9
	相对误差	2%	-1%	1%	2%	1%	1%
7~8月25 mm雨区笼罩面积	固定选站	17 571	19 412	15 958	18 387	15 001	17 145
	完全利用	22 470	20 317	15 479	18 611	15 336	18 638
	相对误差	-22%	-4%	3%	-1%	-2%	-8%
7~8月25 mm以上降雨量	固定选站	91.0	103.5	78.9	89.8	72.4	86.5
	完全利用	113.8	112.7	76.6	90.3	74.7	94.4
	相对误差	-20%	-8%	3%	-1%	-3%	-8%

均气温、日最高气温、日最低气温、平均水汽压、平均相对湿度、最小相对湿度、20~8 时降水量、8~20 时降水量、20~20 时降水量、小型蒸发量、大型蒸发量、平均风速、最大风速、最大风速的风向、极大风速、极大风速的风向、日照时数。

3.2.2 径流资料

3.2.2.1 实测径流资料

窟野河流域自 1951 年开始,先后在干支流布设了多个水文站,其中观测系列较长且资料完整的测站有 6 个,分别为干流的阿腾席热、转龙湾、王道恒塔、神木、温家川,温家川为把口站;支流站悖牛川新庙站,详见表 3-4。各站资料完整、系列较长、不需要插补,且资料经过黄委统一整编。

表 3-4 窟野河水文站流量、输沙率资料统计表

站名	控制面积/km²	建站时间	资料年限(年)	测验内容	管理单位
阿腾席热	338	1985 年 1 月	1985~2013	水位、流量、输沙率、含沙量、洪水要素	内蒙古自治区水文总局
转龙湾	1 556	1997 年 1 月	1997~2013	水位、流量、输沙率、含沙量、洪水要素	内蒙古自治区水文总局
王道恒塔	3 839	1958 年 10 月	1958~2013	水位、流量、输沙率、含沙量、洪水要素	陕西省水文水资源勘测局
神木	7 298	1951 年 10 月	1951~2013	水位、流量、输沙率、含沙量、洪水要素	陕西省水文水资源勘测局
温家川	8 645	1953 年 7 月	1953~2013	水位、流量、输沙率、含沙量、洪水要素	黄河水利委员会
新庙	1 527	1966 年 5 月	1966~2013	水位、流量、输沙率、含沙量、洪水要素	内蒙古自治区水文总局

3.2.2.2 径流还原资料

窟野河流域人类活动影响剧烈,流域内水库拦蓄、引耗水等对实测径流影响较大,尤其是在日尺度下会影响水文模型对降雨-径流关系的识别,导致模拟失真。根据《窟野河流域综合规划》研究成果,人类活动影响导致窟野河河川径流量减少,其中:雨养植被变化影响作用占 34.5%,地下水开采影响作用占 18.2%,淤地坝建设作用占 3.0%,煤炭

开采影响占 17.2%,其他因素如水库工程建设影响、建设项目增多、城镇化加快、公路建设及其他不可预测的因素等综合影响作用占 27.1%。因此,需要对地下水开采、煤炭开采等水文模型无法模拟的变化环境主要因素进行还原。本书收集了《黄河流域水文设计成果修订》的温家川站 1956 ~ 2010 年逐月实测加还原的径流资料,见图 3-11。

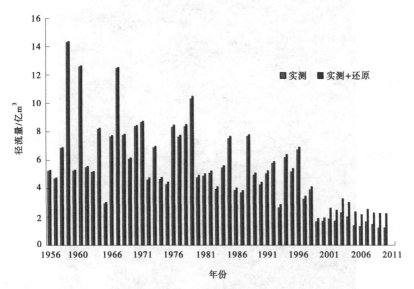

图 3-11　窟野河流域温家川站实测与实测加还原的径流过程

3.2.3　DEM 数据及流域特征信息

收集了美国国家航空航天局 NASA 和日本经济产业省 METI 发布的研究区域覆盖的离散块状 ASTER GDEM,空间分辨率为 30 m×30 m。基于研究范围内的 30 m 分辨率的离散块状 DEM 数据,首先将其镶嵌成完整的 DEM,见图 3-12;然后对 DEM 进行填洼、生成流向、计算流入累计数及提取河道等一系列计算,得到窟野河流域栅格形式的模拟河网,然后根据窟野河流域出口温家川站以及干、支流上的各水文流量站经纬度位置,提取得到流域边界及各相应子流域信息(边界、面积)。其中,阿腾席热站控制流域面积较小,本书未将其单独计算子流域。图 3-13 为 ARCGIS 处理生成的窟野河流域河网水系、流域边界和子流域数字化图。

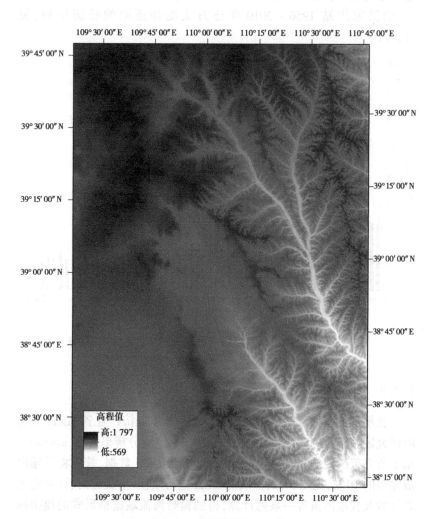

图 3-12 研究范围 DEM 图

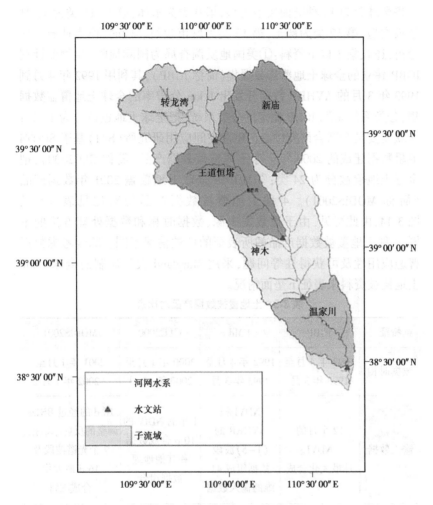

图 3-13 窟野河流域特征信息图

3.2.4 土地覆被/土地利用数据及土壤数据

3.2.4.1 土地覆被数据

研究采用美国 Maryland 大学研制的全球 1 km 土地覆被资料(简称 UMd)来描述窟野河集水区域的当前植被覆盖分布,该土地覆被分类将全球分为 14 种陆面覆盖类型,第 0 类为水体,第 1~11 类为 11 种植被类型,第 12 类为裸土,第 13 类为城市建筑。同时,作为补充对比分析,还收集了以下资料:①美国地质调查局为国际地圈-生物圈计划 IGBP 建立的全球土地覆盖数据集(简称 IGBP),其利用 1992 年 4 月到 1993 年 3 月的 AVHRR 数据开发出 1 km 分辨率的全球土地覆盖数据集,分类系统采取 IGBP 制定的分类系统,把全球土地覆被分为 17 类;②欧盟委员会联合研究中心(JRC)空间应用研究所(SAI)基于 SPOT4 卫星数据建成的 2000 年全球土地覆盖数据产品(简称 GLC2000),把全球土地覆被分为 24 类;③MODIS 全球土地覆盖 2001 年数据产品(简称 MODIS2001)。4 种土地覆被数据产品的对比见表 3-5 及图 3-14,由此可见,由于受数据来源、数据时相和数据处理方法的不同,4 种土地覆被数据产品的所表征的植被情况不同。综合考虑数据普遍应用性及可获得性等问题,采用 Maryland 大学研制的全球 1 km 土地覆被资料来表征下垫面情况。

表 3-5 土地覆被数据产品对比表

特征	IGBP	UMd	GLC2000	MODIS2001
数据时相	1992 年 4 月至 1993 年 3 月	1992 年 4 月至 1993 年 3 月	2000 年 1 月至 2000 年 12 月	2001 年 1 月至 2002 年 1 月
输入数据	12 个月的 NDVI 月最大化合成	NDVI 和 AVHRR 的 (1~5)波段数据组成 41 维的输入数据	1 年的 NDIV 的 10 d 合成数据和其他地理数据组合	16 d 的经过 BRDF 调整的反射率数据、7 个光谱波段及 16 d 最大化合成 EVI
分类系统	IGBP DISCover	简化 IGBP DISCover	FAO LCCS	IGBP DISCover
分类数	17 类	14 类	24 类	17 类
空间分辨率	1 km	1 km	1 km	1 km

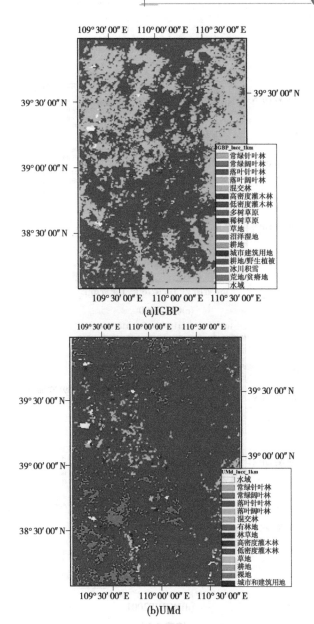

图 3-14　4 种土地覆被数据产品的空间展布图

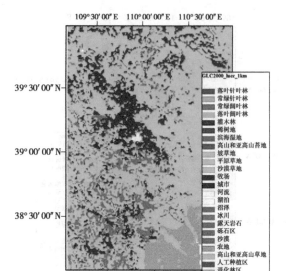

(c)GLC2000

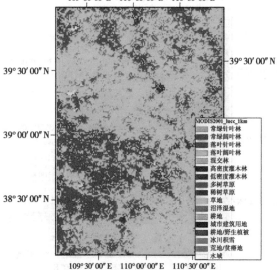

(d)MODIS2001

续图 3-14

3.2.4.2 土地利用数据

收集了中国科学院资源环境科学数据中心发布的 1980 年、1990年、1995 年、2000 年、2005 年、2010 年和 2015 年的土地利用数据,空间分辨率为 1 km,来源于中国 1:10 万比例尺土地利用现状遥感监测数据库,是目前我国精度最高的土地利用遥感监测数据产品,已经在国家土地资源调查、水文、生态研究中发挥着重要作用。窟野河 2005 年土地利用类型分布见图 3-15。

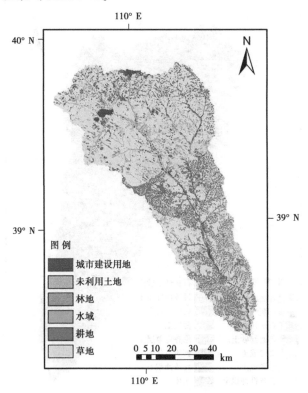

图 3-15 窟野河 2005 年土地利用类型分布图

3.2.4.3 土壤数据

土壤数据来自寒区旱区科学数据中心发布的数据,其数据来源于联合国粮食及农业组织(FAO)和维也纳国际应用系统分析研究所

（IIASA）所构建的世界土壤数据库（Harmonized World Soil Database version 1.1，HWSD）。其中，中国境内数据源为第二次全国土地调查南京土壤所提供的1:100万土壤数据。中国地区HWSD土壤数据库的土壤分为两层，第一层土壤的范围是0~0.3 m，第二层土壤的范围为0.3~1 m，每层都分别包含了土壤的各类属性信息。采用的土壤分类系统主要为FAO-90。土壤数据见图3-16。

图 3-16　窟野河土壤数据空间分类图

4 流域环境变化识别与水文响应

为识别环境变化,本章收集了从降雨量和降雨强度等维度设计六类降雨指标,采用空间展布及面统计方法,分析不同年代降雨变化情况;基于土地利用和地表覆被变化情况,考虑水保措施、煤炭开采和水库建设等影响,分析了流域环境变化情况;在此基础上,分析了雨洪关系变化情况。

4.1 降雨变化

4.1.1 降雨指标设计与选用

根据降雨变化分析需要,从降雨量和降雨强度两方面选用了六类降雨指标进行分析,其中包括时段降雨量、最大 N 日雨量、不同等级降雨笼罩面积、不同等级降雨量、降雨日数及平均雨强。各类降雨指标的计算方法详述如下。

4.1.1.1 时段降雨量

由泰森多边形法计算逐日面均雨量,将时段内(如全年、6~9月、7~8月)的逐日面均雨量累加,得时段的降雨量(mm)。全年、6~9月、7~8月降雨量一般用 $P_{1\sim12}$、$P_{6\sim9}$、$P_{7\sim8}$ 表示。以 $P_{7\sim8}$ 为例,其计算公式可表示为

$$P_{7\sim8} = \sum_{i=1}^{n} P_i \qquad (4-1)$$

式中　P_i——第 i 天面均降雨量;

　　n——7~8月的总日数。

4.1.1.2 最大 N d 雨量

由泰森多边形法计算逐日面均雨量,滑动统计连续 N d 累计雨量

系列,统计系列最大值,即得最大 N d 雨量(如最大 30 d 雨量,单位 mm)。最大 1 d、最大 3 d、最大 5 d 降雨量一般以 P_{max1}、P_{max3}、P_{max5} 表示。以 P_{max3} 为例,其计算公式可表示为

$$P_{max3} = \max \sum_{i=1}^{n-2} \left(P_i + P_{i+1} + P_{i+2} \right) \tag{4-2}$$

式中 n——统计时段内的总日数。

4.1.1.3 不同等级降雨笼罩面积

根据泰森多边形计算各雨量站控制面积,逐日查找流域内不同等级降雨的雨量站,将相应等级雨量站控制面积累加,即可得不同等级降雨的笼罩面积(km^2)。25 mm、50 mm 以上降雨笼罩面积一般用 F_{25}、F_{50} 表示。以 F_{25} 为例,其计算公式可表示为

$$F_{25} = \sum_{i=1}^{n} \left(F_1 + \cdots + F_{k(i)} \right) \tag{4-3}$$

式中 $F_{k(i)}$——第 $k(i)$ 个降雨量在 25 mm 以上的雨量站控制面积;

$k(i)$——第 i 天降雨量在 25 mm 以上的雨量站个数。

4.1.1.4 不同等级降雨量

根据泰森多边形计算各雨量站权重系数,逐日查找流域内不同等级降雨的雨量站,将相应等级雨量站控制面积与其日降雨量进行乘积并累加,即可得某日不同等级降雨量,统计时段内各日不同等级降雨量叠加,即为不同等级降雨量(亿 m^3),各雨量站的控制面积为流域总面积与各雨量站泰森多边形权重系数的乘积,计算公式如下:

$$W_r = \sum_{i=1}^{n} \left(\sum_{j=1}^{m} P_r^j \times T_r^j \times A \right)_i \times 10^{-5} \tag{4-4}$$

式中 W_r——r mm 以上降雨水量;

n——统计时段内总日数,如 7~8 月即为 62 d;

m——流域内某日大于 r mm 雨量站的个数;

P_r^j——流域内某日第 j 个大于 r mm 雨量站的降雨量,mm;

T_r^j——流域内某日第 j 个大于 r mm 雨量站相应的泰森多边形权重系数;

A——流域总面积,km²。

那么,不同等级降雨量以 mm 为单位表示,计算公式如下:

$$P_r = \frac{W_r}{A} \tag{4-5}$$

式中　P_r——r mm 以上降雨量。

4.1.1.5　降雨日数

逐日查找流域内不同等级降雨的雨量站,某日有一个及以上雨量站大于相应等级的降雨,则降雨日数为 1 d,统计时段内各日不同等级降雨日数叠加,即为不同等级降雨日数(d),计算公式如下:

$$D_r = \sum_{i=1}^{n} D_r^i \tag{4-6}$$

式中　D_r——r mm 以上降雨日数;

　　　D_r^i——某日 r mm 以上降雨日数计算式为

$$D_r^i = \begin{cases} 1 & \text{有一个以上雨量站大于 } r \text{ mm} \\ 0 & \text{无雨量站大于 } r \text{ mm} \end{cases} \tag{4-7}$$

4.1.1.6　不同等级平均降雨强度

不同等级平均降雨强度为不同等级降雨量除以相应等级降雨日数(mm/d),计算公式如下:

$$I_r = \frac{P_r}{D_r} \tag{4-8}$$

式中　I_r——r mm 以上平均降雨强度。

4.1.2　降雨变化计算分析

以下分别统计了窟野河 1954~2013 年六类降雨指标,分析降雨变化。

4.1.2.1　时段降雨量

窟野河流域全年、6~9 月及 7~8 月降雨量变化见表 4-1,其中全年和 7~8 月的逐年变化过程见图 4-1、图 4-2。由表 4-1 及图 4-1、图 4-2 可以看出:窟野河流域自 1954 年以来全年及 6~9 月降雨量呈现出先减小后增大的年段际变化特点;年段最小值发生在 1990~1999 年段,较 1954~1969 年段偏少约 27%及 25%;2000 年以后的 2000~2013 年,全年及 6~9 月降雨量有所增加,但仍小于 1954~1969 年段,较 1954~1969 年段均偏少约 16%;7~8 月降雨量自 1954 年以来年段均值表现为逐步减小;7~8 月降雨量的年段最小值发生在 2000~2013 年段,均较 1954~1969 年段偏少约 23%。

表 4-1　窟野河流域时段降雨量　　　　单位:mm

项目	时段(年)					
	1954~1969	1970~1979	1980~1989	1990~1999	2000~2013	1954~2013
全年 (1~12 月)	446.1	382.1	340.1	327.0	375.0	381.3
6~9 月	350.1	310.0	274.9	262.8	294.8	303.4
7~8 月	238.9	214.8	182.6	190.8	184.9	204.9

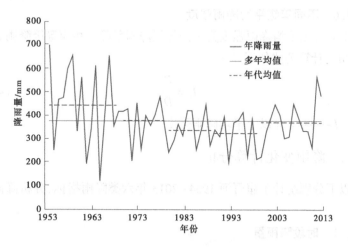

图 4-1　窟野河流域年降雨量变化图

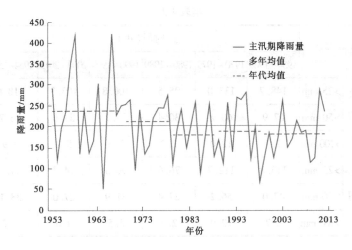

图 4-2　窟野河流域 7~8 月降雨量变化图

4.1.2.2　不同等级降雨量

不同等级降雨量与不同等级降雨水量的差别仅为是否在流域面上进行平均,由此导致量纲不同,数值大小存在差别,但变化趋势一致。因此,本书仅列出不同等级降雨量的分析结果。

窟野河流域不同等级降雨量变化见表 4-2,其中全年 25 mm 以上降雨量和 7~8 月 25 mm 以上降雨量的逐年变化过程见图 4-3、图 4-4。由表 4-2 及图 4-3、图 4-4 可以看出:①窟野河流域自 1954 年以来呈现出波动减小的年段际变化特点;②7~8 月 25 mm 以上降雨量年段最小值发生在 2000~2013 年段,较 1954~1969 年段偏少约 34%。

表 4-2　窟野河流域不同时段及不同等级降雨量表　　单位:mm

不同等级		时段(年)					
		1954~1969	1970~1979	1980~1989	1990~1999	2000~2013	1954~2013
全年 (1~ 12 月)	>25 mm	161.4	134.9	102.9	106.1	109.4	125.9
	>50 mm	67.9	60.2	30.6	33.9	34.2	46.9
	>100 mm	2.7	12.0	2.2	3.6	5.2	4.9

续表 4-2

不同等级		时段(年)					
		1954~1969	1970~1979	1980~1989	1990~1999	2000~2013	1954~2013
6~9月	>25 mm	148.7	133.0	95.5	100.8	103.3	118.6
	>50 mm	67.9	60.2	30.4	33.7	33.6	46.7
	>100 mm	2.7	12.0	2.2	3.6	5.2	4.9
7~8月	>25 mm	113.8	112.7	76.6	90.3	74.7	94.4
	>50 mm	47.0	56.2	27.4	31.9	27.0	38.1
	>100 mm	2.7	12.0	2.2	3.5	4.6	4.7

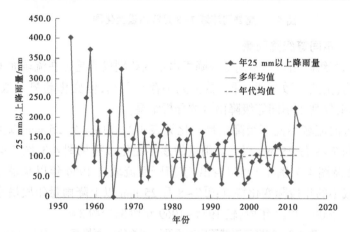

图 4-3　窟野河流域年 25 mm 以上降雨量变化图

4.1.2.3　最大 N d 降雨量

窟野河流域最大 N d 降雨量的逐年变化过程见图 4-5~图 4-9,最大 N d 降雨量变化见表 4-3。由图 4-5~图 4-9 及表 4-3 可以看出:①窟野河流域自 1954 年以来呈现出逐渐减小的年段际变化特点;②最大 30 d 降雨量年段最小值发生在 2000~2013 年段,较 1954~1969 年段偏少约 28%。

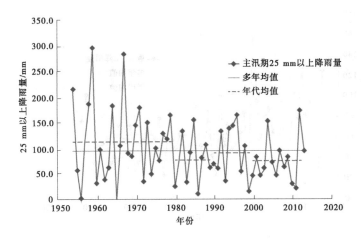

图 4-4　窟野河流域 7~8 月 25 mm 以上降雨量变化图

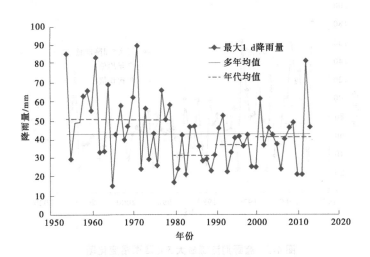

图 4-5　窟野河流域最大 1 d 降雨量变化图

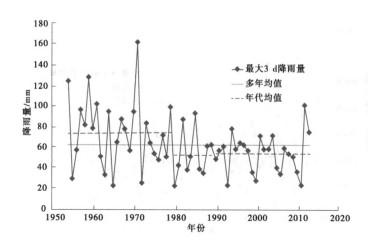

图 4-6　窟野河流域最大 3 d 降雨量变化图

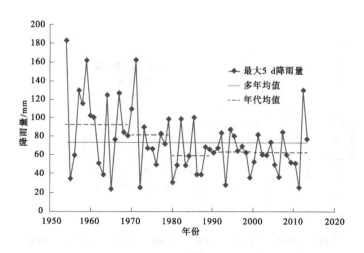

图 4-7　窟野河流域最大 5 d 降雨量变化图

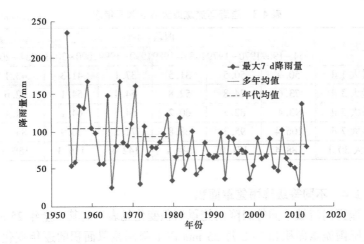

图 4-8　窟野河流域最大 7 d 降雨量变化图

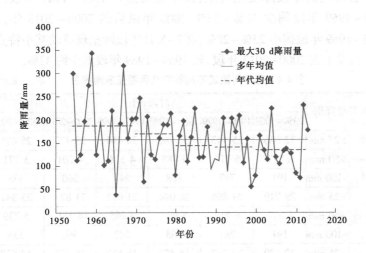

图 4-9　窟野河流域最大 30 d 降雨量变化图

表4-3　窟野河流域最大 *N* d 降雨量表　　　　　单位:mm

最大 *N* d	时段(年)					
	1954~1969	1970~1979	1980~1989	1990~1999	2000~2013	1954~2013
最大1 d	50.9	50.5	31.5	37.1	41.3	43.1
最大3 d	73.6	74.8	52.8	54.4	54.1	62.6
最大5 d	93.4	82.5	60.2	64.5	64.1	74.4
最大7 d	106.4	95.3	68.8	71.2	70.9	84.1
最大30 d	188.4	171.0	144.1	142.4	136.3	158.5

4.1.2.4　不同等级降雨笼罩面积

　　窟野河流域不同等级降雨笼罩面积变化见表4-4,其中全年25 mm
以上降雨笼罩面积和7~8月25 mm以上降雨笼罩面积的逐年变化过
程见图4-10、图4-11。由表4-4及图4-10、图4-11可以看出:①窟野河
流域自1954年以来全年及6~9月25 mm以上降雨笼罩面积呈现出先
减小后增大的年段际变化特点;最小值发生在1980~1989年段,较
1954~1969年段偏少31%~33%;2000年以后的2000~2013年,较
1954~1969年段偏小25%~28%;②7~8月年段际呈现波动减小特点;
最小值发生在2000~2013年段,较1954~1969年段偏少约32%。

表4-4　窟野河流域不同等级降雨量笼罩面积表　　　　单位:km²

不同等级降雨		时段(年)					
		1954~1969	1970~1979	1980~1989	1990~1999	2000~2013	1954~2013
全年 (1~ 12月)	>25 mm	32 656	25 443	21 986	22 414	23 472	25 825
	>50 mm	8 577	6 717	3 988	4 318	4 201	5 771
	>100 mm	191	787	168	247	360	335
6~9月	>25 mm	29 049	24 896	20 044	21 072	21 827	23 841
	>50 mm	8 577	6 717	3 954	4 285	4 111	5 739
	>100 mm	191	787	168	247	360	335
7~8月	>25 mm	22 470	20 317	15 479	18 612	15 336	18 638
	>50 mm	5 854	6 127	3 544	4 030	3 258	4 605
	>100 mm	191	787	168	235	309	321

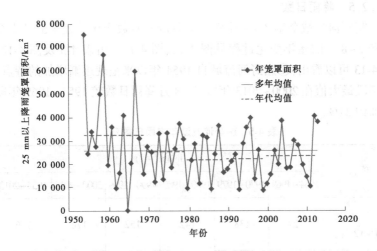

图 4-10 窟野河流域全年 25 mm 以上降雨量笼罩面积变化图

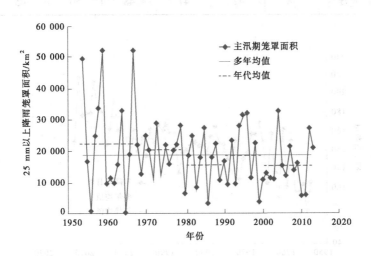

图 4-11 窟野河流域 7~8 月 25 mm 以上降雨量笼罩面积变化图

4.1.2.5 降雨日数

窟野河流域全年、6~9月及7~8月降雨日数变化见表4-5,其中全年和7~8月的逐年变化过程见图4-12、图4-13。由表4-5及图4-12、图4-13可以看出:①窟野河流域自1954年以来呈现逐渐增加的特点;②年段最大值在2000~2013年段,7~8月降雨日数较1954~1969年段增加约31%。

表4-5 窟野河流域年降雨日数表　　　　　　　　单位:d

项目	时段(年)					
	1954~1969	1970~1979	1980~1989	1990~1999	2000~2013	1954~2013
全年 (1~12月)	124	138	142	152	176	146
6~9月	66	75	81	88	96	81
7~8月	38	42	47	48	50	45

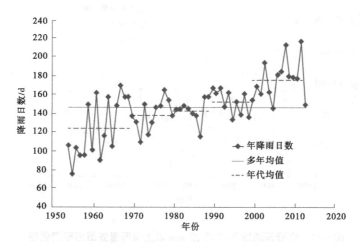

图4-12 窟野河流域年降雨日数变化图

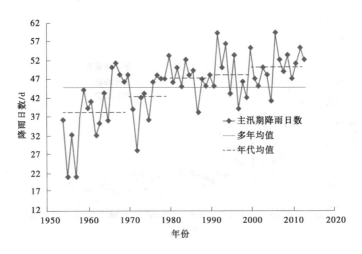

图 4-13 窟野河流域 7~8 月降雨日数变化图

4.1.2.6 25 mm 以上平均雨强

窟野河流域全年、6~9 月及 7~8 月 25 mm 以上平均雨强变化见表 4-6,其中全年和 7~8 月的 25 mm 以上平均雨强逐年变化过程见图 4-14、图 4-15。由表 4-6 及图 4-14、图 4-15 可以看出:①窟野河流域自 1954 年以来 25 mm 以上平均雨强总体呈现减小趋势;②2000~2013 年段的 7~8 月 25 mm 以上平均雨强较 1954~1969 年段减小约 66%。

表 4-6 窟野河流域 25 mm 以上平均雨强表 单位:mm/d

项目	时段(年)					
	1954~1969	1970~1979	1980~1989	1990~1999	2000~2013	1954~2013
全年 (1~12 月)	16.8	9.9	5.9	5.9	5.1	9.3
6~9 月	17.1	10.1	6.1	6.1	5.3	9.5
7~8 月	16.6	11.4	6.9	6.8	5.6	9.9

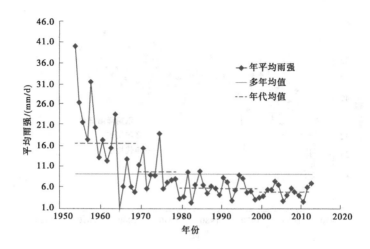

图 4-14 窟野河流域年 25 mm 以上平均雨强变化图

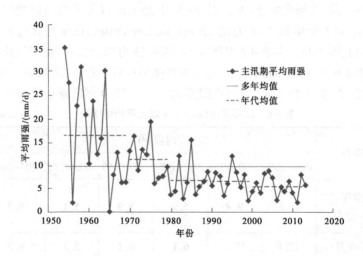

图 4-15 窟野河流域 7~8 月 25 mm 以上平均雨强变化图

4.2　土地利用/覆被变化

土地利用变化情况见图4-16。由图4-16可以看出,由于社会经济发展,流域的土地利用不断变化,非常明显的特征是城镇用地不断增多;同时,植被情况也得到改善,裸土地减少,高覆盖植被逐渐增多。

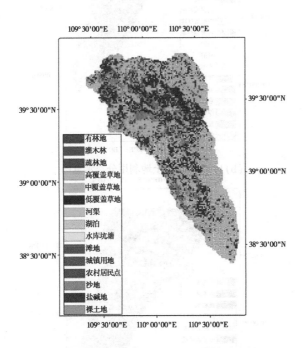

（a）1980年流域土地利用分类示意图

图4-16　窟野河流域土地利用变化对比图

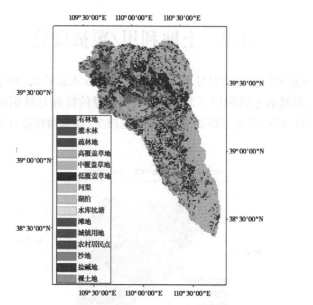

(b)1990年流域土地利用分类示意图

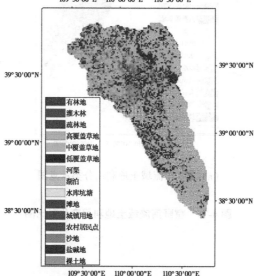

(c)1995年流域土地利用分类示意图

续图 4-16

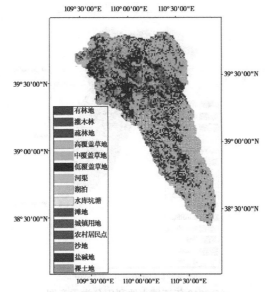

（d）2000年流域土地利用分类示意图

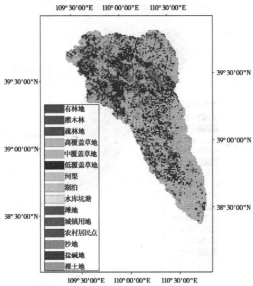

（e）2005年流域土地利用分类示意图

续图4-16

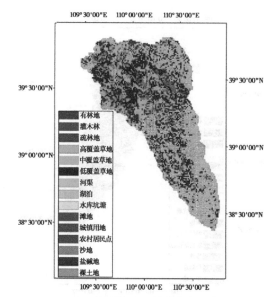

（f）2010年流域土地利用分类示意图

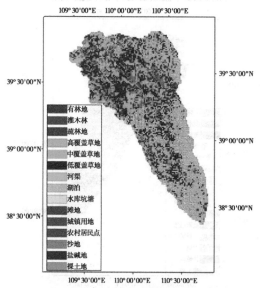

（g）2015年流域土地利用分类示意图

续图4-16

4.3 人类活动影响分析

4.3.1 水库工程

截至 2013 年流域内已建水库 13 座,总库容为 1.40 亿 m³,见图 4-17。其中,中型水库 2 座,分别为乌兰木伦水库(总库容 9 880 万 m³)和常家沟水库(总库容 1 444 万 m³);小型水库 11 座,总库容合计 2 693 万 m³。现状水库均以供水或灌溉为主要开发任务,有一定的蓄洪和滞洪作用。

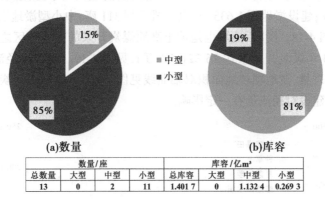

数量/座				库容/亿 m³			
总数量	大型	中型	小型	总库容	大型	中型	小型
13	0	2	11	1.401 7	0	1.132 4	0.269 3

图 4-17 窟野河流域水库分布状况图

4.3.1.1 乌兰木伦水库

乌兰木伦水库位于伊金霍洛旗境内的乌兰木伦河上游,东胜区和成吉思汗陵之间。水库控制流域面积为 328 km²,坝址多年平均径流量 1 487 万 m³,多年平均输沙量为 332 万 t/a。乌兰木伦水库建于 1958 年,为中型水库,总库容 9 880 万 m³,兴利库容 1 101 万 m³,防洪库容 2 478 万 m³。水库主要任务是为康巴什新区、伊金霍洛旗的阿勒腾席热镇供水。目前年供水量约 327 万 m³。

4.3.1.2 常家沟水库

常家沟水库位于陕西省榆林市神木县境内,是窟野河右岸支流常家沟上游的一座中型水库,距神木县城 27.5 km,常家沟水库控制流域面积 44 km²,坝址多年平均径流量 1 200 万 m³。常家沟水库于 1977 年 4 月动工兴建,1979 年 7 月竣工蓄水,原设计坝高 46 m,总库容 1 200 万 m³。1996 年进行加固维修,大坝加高 2 m,总库容增至 1 444 万 m³。水库主要任务是灌溉、工业及城市供水,兼顾旅游与养殖。目前年供水量约为 1 050 万 m³。

4.3.2　水土保持和煤矿开采

流域水土保持治理工作起始于 20 世纪 50 年代,截至 2013 年,累计治理水土流失面积 3 569.06 km²(含封禁治理),占水土流失面积的 42.97%;建设淤地坝 1 635 座,其中骨干坝 311 座,中小型淤地坝 1 324 座,见图 4-18。同时,流域也是黄土高原煤炭开采的主要地区之一,截至 2013 年煤炭开采量达 26 321.08 万 t,见图 4-19。窟野河径流量与煤炭开采量、淤地坝坝地面积双轴曲线见图 4-20,可以看出煤炭开采、淤地坝建设对径流量有一定影响。

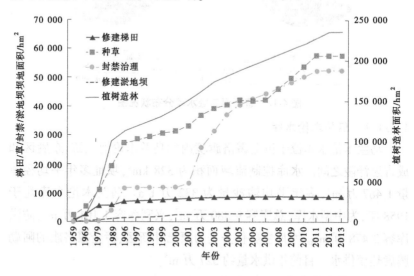

图 4-18　窟野河流域水保措施治理逐年变化图

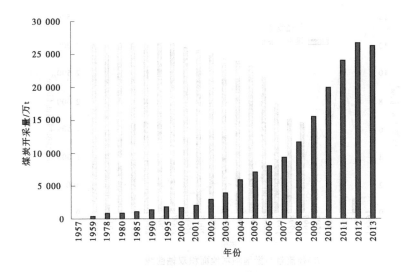

图 4-19 窟野河流域煤炭开采逐年变化图

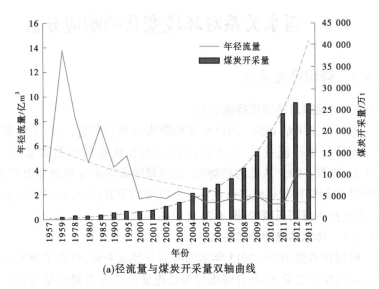

(a)径流量与煤炭开采量双轴曲线

图 4-20 窟野河径流量与煤炭开采量、淤地坝坝地面积双轴曲线

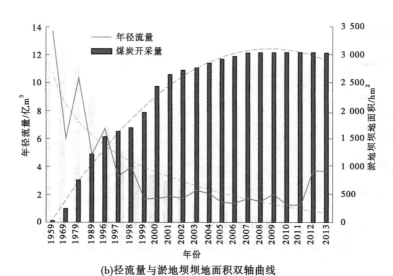

(b)径流量与淤地坝坝地面积双轴曲线

续图 4-20

4.4 雨水关系对环境变化的响应分析

4.4.1 降雨径流关系

4.4.1.1 温家川站降雨径流关系

根据温家川站 1954~2013 年实测降雨及径流资料,点绘了温家川站年雨量与年径流量及 7~8 月降雨量与径流量的相关关系图,见图 4-21 和图 4-22。从总的趋势看,径流量随着降雨量的增加而增大,2000 年以后降雨与径流关系点位于点群带的下方,表示相同降雨条件下,实测径流量明显减少,图 4-23 也说明了这一点。

4.4.1.2 神木站降雨径流关系

根据神木站 1956~2013 年实测降雨及径流资料,点绘了神木站年降雨量与年径流量、6~9 月降雨量与径流量及 7~8 月降雨量与径流量的相关关系图,如图 4-24 和图 4-25 所示。从总的趋势看,径流量随着降雨量的增加而增大,2000 年以后降雨与径流关系点位于点群带的下方,表示相同降雨条件下,实测径流量明显减少,图 4-26 也说明了这一点。

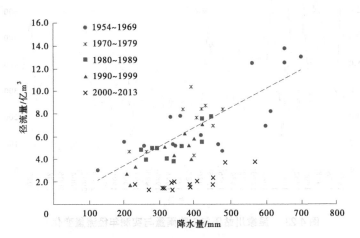

图 4-21　温家川站不同年代年雨量与实测年径流量关系图

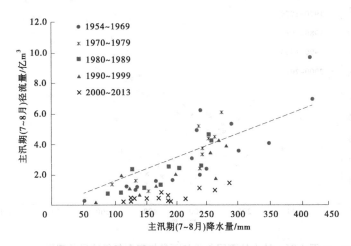

图 4-22　温家川站不同年代主汛期(7~8 月)雨量与实测径流量关系图

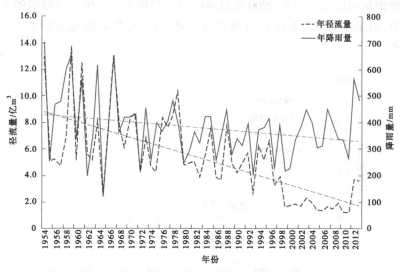

图 4-23 温家川站历年年降雨量与实测年径流量变化

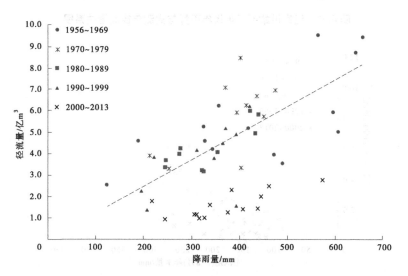

图 4-24 神木站不同年代年雨量与实测年径流量关系图

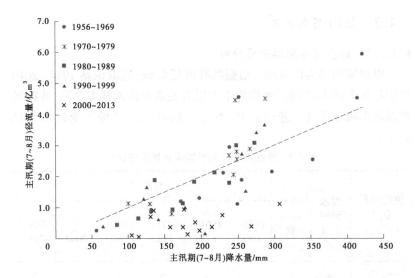

图 4-25　神木站不同年代主汛期(7~8月)雨量与实测径流量关系图

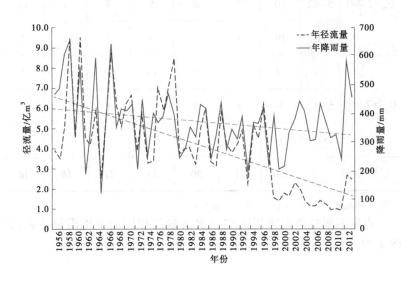

图 4-26　神木站历年年降雨量与实测年径流量变化

4.4.2 暴雨洪水关系

4.4.2.1 场次洪水雨洪关系分析

以温家川站为代表站。根据洪峰流量量级,选取该站 1954~2010 年历年最大的 1~3 场洪水作为本次雨洪关系分析的样本系列,并按场次洪水洪峰流量 Q_m 进行分类,不同时期各类洪水场次统计结果见表 4-7。

表 4-7　温家川站不同时期洪水场次统计表

洪峰流量 Q_m/ (m^3/s)	洪水历时 T/d	洪水场次数	时段(年)					
			1956~1960	1961~1970	1971~1980	1981~1990	1991~2000	2001~2010
Q_m<2 000	<5	9		3	2	2		2
	5~12	40	3	8	5	7	4	13
	>12	19	1	5	5	3	3	2
Q_m≥2 000	<5	44	6	10	10	9	8	1
	5~12	7	1	3	1	1	1	
	>12	1		1				
合计		120	11	30	23	22	16	18

注:洪峰流量 2 000 m^3/s 相当于 2 年一遇洪水。

点绘不同时期温家川站实测次洪量与相应面平均雨量关系,见图 4-27。

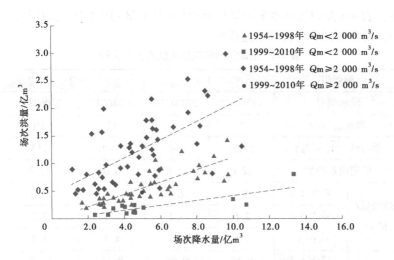

图 4-27 温家川站不同时期、不同量级次暴雨洪水关系

从图表可以看出:①1999 年以后,窟野河流域洪水量级明显减小,洪峰流量大于 2 000 m^3/s(相当于 2 年一遇)的洪水仅 1 场。该场洪水虽然点据偏下,但与其他年代点据并无明显偏离。②对于洪峰流量小于 2 000 m^3/s(相当于 2 年一遇)的洪水,1999 年前后点据分布明显不同。1999 年以后点据偏上,径流系数明显减小。从降雨空间分布来看,1999 年以后洪水的暴雨中心多位于流域中下游地区。结合窟野河流域水利工程建成情况及水资源开发利用情况可知,2000 年以后该流域上游修建了一座调洪能力相对较大的中型水库,控制面积仅占全流域面积的 3.8%,对该流域洪水影响有限。而水保措施作用、雨养植被变化等人类活动影响,使窟野河近 10 年来水量明显减小,也是导致流域产流规律发生变化的主要原因。

总体而言,水利水保工程建设等人类活动对窟野河流域 2 年一遇以下量级洪水的产流规律有影响。

4.4.2.2 典型暴雨洪水比较

基于降雨强度、次雨量及过程、暴雨中心、前期雨量等指标,选取不同时期典型暴雨洪水过程,比较相似降雨情况下不同下垫面产流特点。通过筛选,取 19910610、20020731、19680715、20060811 次洪水作为典型。表 4-8 是四场洪水主要特征值指标;图 4-28~图 4-31 是四场洪水的降雨分布图和降雨洪水过程线。

表 4-8　温家川站相似降雨洪水关系分析

相似组		1		2	
洪水编号		19910610	20020731	19680715	20060811
洪水历时/d		2	4	12	10
洪峰流量/(m³/s)		2 090	338	1 430	115
前期雨量指数		12.6	13.6	4.0	12.8
降雨量/亿 m³	最大 1 d	2.4	2.2	1.5	1.0
	最大 3 d	2.6	3.2	2.4	2.3
	次雨量	2.6	3.5	4.3	3.4
洪量/亿 m³	最大 1 d	0.45	0.09	0.13	0.05
	最大 3 d	0.56	0.17	0.29	0.10
	次洪量	0.56	0.19	0.67	0.18
降水径流系数		0.21	0.05	0.15	0.05

场次雨量/mm
高:47.7
低:29.4
等雨量线

(a)窟野河洪水降雨分布

图 4-28　窟野河 19910610 次洪水降雨分布和温家川洪水过程线图

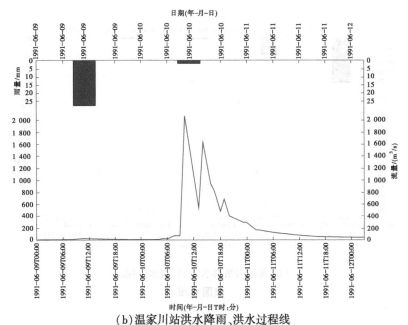

（b）温家川站洪水降雨、洪水过程线

续图 4-28

（a）窟野河洪水降雨分布

图 4-29　窟野河 20020731 次洪水降雨分布和温家川洪水过程线图

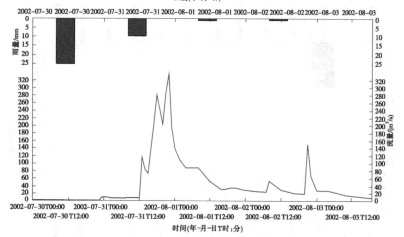

（b）温家川站洪水降雨、洪水过程线

续图 4-29

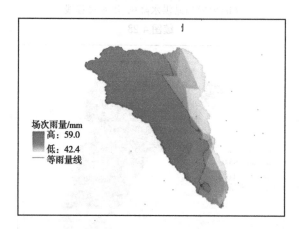

（a）窟野河洪水降雨分布

图 4-30　窟野河 19680715 次洪水降雨分布和温家川洪水过程线图

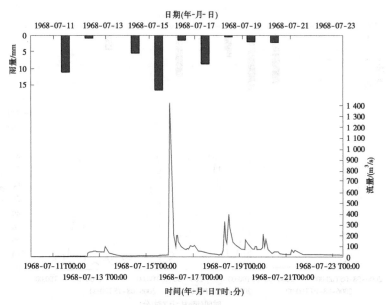

(b) 温家川站洪水降雨、洪水过程线

续图 4-30

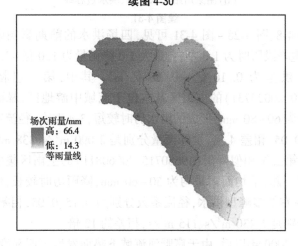

(a) 窟野河洪水降雨分布图

图 4-31 窟野河 20060811 次洪水降雨分布和温家川洪水过程线图

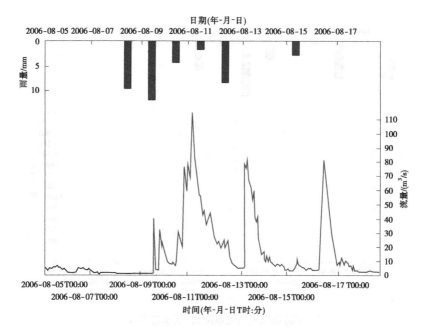

(b)温家川站洪水降雨、洪水过程线

续图4-31

由表4-8、图4-28~图4-31可见,四场洪水的前期影响雨量均较小,洪水主峰段历时为1 d左右,最大1 d降雨量为1.0亿~2.4亿 m^3 ,最大3 d洪量为0.10亿~0.56亿 m^3 。其中,第一组相似降雨(19910610、20020731)的主雨区基本位于流域中游地区,暴雨中心平均面雨量为60~80 mm,形成的洪水历时较短,3 d左右;径流系数分别为0.21、0.05,相差4倍;洪峰流量分别是2 090 m^3/s 、338 m^3/s ,相差约6倍。第二组相似降雨(19680715、20060811)的主雨区集中在流域干流右岸一侧,平均面雨量均为50~60 mm,降雨历时较长,形成历时为11 d左右的多峰型洪水,径流系数分别为0.15、0.05,相差3倍,洪峰流量分别是1 430 m^3/s 、115 m^3/s ,相差约12倍。

可见,2000年以后,由于窟野河流域下垫面发生了明显变化,致使相似降雨条件下中小量级洪水的洪峰、洪量明显减小。

5　流域水文模型适用性比拟

　　基于 1 km×1 km 网格单元或水文站控制子流域,构建 VIC 模型、SWAT 模型和我国应用最广泛的新安江模型,采用基因算法、罗森布瑞克法和单纯形法等 3 种方法对模型参数联合自动优选,对研究流域进行水文模拟。研究表明,黄土高原地区的产流机制复杂,相对而言 VIC 模型模拟效果要略好。

5.1　模型构建

5.1.1　VIC 模型

5.1.1.1　流域空间离散

　　综合考虑地理信息数据的空间分辨率和计算机的计算能力,采用 1 km×1 km 网格单元将窟野河流域在空间上进行离散,构建覆盖整个窟野河流域的 1 km×1 km 网格,共计约 8 800 个网格,见图 5-1。该网格分布是构建基于网格的窟野河流域分布式水文模型的框架,以后的植被参数网格文件库、土壤参数网格文件库及水文参数网格库的建立均以此网格分布为基础。网格流向的确定是构建分布式水文模型汇流部分不可缺少的步骤。将 DEM 数据按照上述构建的窟野河流域网格 resample 成 1 km 的 DEM,然后利用 ArcGIS 里的 ArcHydro 工具分析提取网格的流向,对照构建好的河网水系,将流向有误的网格进行修正,最终得到窟野河流域各网格的流向如图 5-2 所示。

5.1.1.2　植被参数网格库

　　采用 MaryLand 大学研制的全球 1 km 土地覆被资料来构建植被参数网格库。首先对 1 km 土地覆被数据做投影转换,然后在 ArcGIS 软件中利用流域边界从中切取出窟野河流域土地覆被数据,用建好的

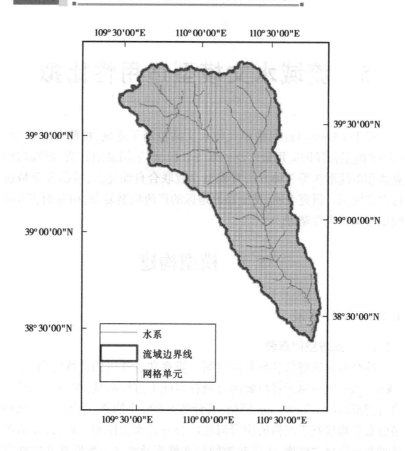

图 5-1　窟野河流域网格示意图

1 km×1 km 流域网格切割得到窟野河流域土地覆被空间分布,见图 5-3。建立植被覆盖参数网格数据库,包括各个网格内植被类型的总数、每种植被在该网格所占的面积比例及每种植被根区深度和所占的比例。

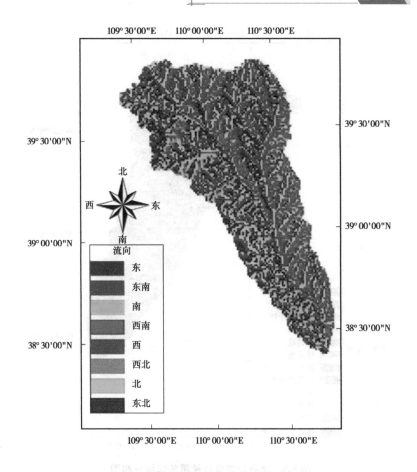

图 5-2 窟野河流域网格流向示意图

分布式水文模型对土地覆被的使用主要是对于植被的蒸发蒸腾和冠层截留的考虑。如 VIC 模型为考虑植被的蒸发蒸腾和冠层截留,对每种植被类型需要标定的参数有结构阻抗、最小气孔阻抗、叶面面积指数、反照率、粗糙率、零平面位移等,这些参数主要根据 NASA 的 LDAS 的工作来确定,表 5-1 中列出了植被类型的部分参数。

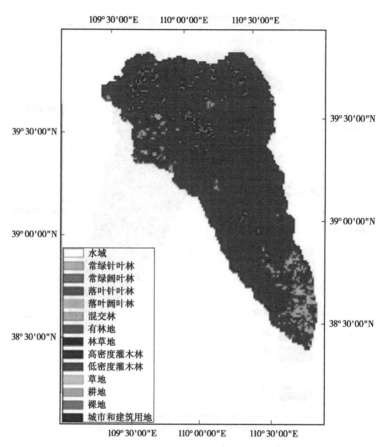

图 5-3　窟野河流域植被覆盖网格分布图

表 5-1　植被类型部分参数表

分类号	植被类型	反照率	最小气孔阻抗/ (s/m)	叶面面积 指数	糙率/m	零平面位 移/m
1	常绿针叶林	0.12	250	3.40~4.40	1.476 0	8.040
2	常绿阔叶林	0.12	250	3.40~4.41	1.476 0	8.040
3	落叶针叶林	0.18	150	1.52~5.00	1.230 0	6.700

续表 5-1

分类号	植被类型	反照率	最小气孔阻抗/ (s/m)	叶面积指数	糙率/m	零平面位移/m
4	落叶阔叶林	0.18	150	1.52~5.00	1.230 0	6.700
5	混交林	0.18	200	1.52~5.00	1.230 0	6.700
6	林地	0.18	200	1.52~5.00	1.230 0	6.700
7	林地平原	0.19	125	2.20~3.85	0.459 0	1.000
8	密灌丛	0.19	135	2.20~3.85	0.459 0	1.000
9	灌丛	0.19	135	2.20~3.85	0.459 0	1.000
10	草原	0.20	120	2.20~3.85	0.073 8	0.402
11	耕地	0.10	120	0.02~5.00	0.006 0	1.005

5.1.1.3 土壤参数网格库

基于世界土壤数据库 HWSD (harmonized world soil database version 1.1)构建土壤参数网格库,表 5-2 给出了各种土壤类型的主要水力属性指标。FAO 土壤数据对两种深度的土壤特性进行了描述,其中 0~30 cm 为上层,30~100 cm 为下层。研究中 VIC 模型第 1、2 层的土壤参数取上层土壤数据的值,第 3 层土壤的土壤参数取下层土壤数据的值;SWAT 模型直接采用上、下层土壤数据值。用于土地覆被类似的方法提取出窟野河流域上、下层土壤的土壤类型空间分布。在土壤参数中与土壤特性有关的参数,在模型标定后就不再改动,如土壤饱和体积含水量、饱和土壤水势、土壤饱和水力传导度等,这些参数根据文献确定。选取每个网格内面积比例最大的一类土壤代表该网格土壤类型,生成土壤类型网格参数库。

表 5-2　土壤水力属性指标表

土壤分类号	土壤类型	沙土含量/%	黏土含量/%	容重/(g/cm³)	田间持水量/(cm³/cm³)	萎蔫点/(cm³/cm³)	孔隙度	饱和水力传导度/(cm/h)
1	沙土	94.83	2.27	1.49	0.08	0.03	0.43	38.41
2	壤质沙土	85.23	6.53	1.52	0.15	0.06	0.42	10.87
3	沙壤土	69.28	12.48	1.57	0.21	0.09	0.40	5.24
4	粉质壤土	19.28	17.11	1.42	0.32	0.12	0.46	3.96
5	粉土	4.5	8.30	1.28	0.28	0.08	0.52	8.59
6	壤土	41	20.69	1.49	0.29	0.14	0.43	1.97
7	沙质黏壤土	60.97	26.33	1.60	0.27	0.17	0.39	2.40
8	粉质黏壤土	9.04	33.05	1.38	0.36	0.21	0.48	4.57
9	黏壤土	30.08	33.46	1.43	0.34	0.21	0.46	1.77
10	沙质黏土	50.32	39.30	1.57	0.31	0.23	0.41	1.19
11	粉质黏土	8.18	44.58	1.35	0.37	0.25	0.49	2.95
12	黏土	24.71	52.46	1.39	0.36	0.27	0.47	3.18

5.1.2 SWAT 模型

SWAT 模型构建所需的 DEM、土地利用、土壤等数据均与 VIC 模型构建采用相同的数据源并进行处理。在 SWAT 模型模拟子流域划分时，本书选择适当的子流域面积的阈值，自动生成地区河网，选择合适的流域出口点，进行子流域划分。设定窟野河子流域面积的阈值为 10 000 hm^2，并选择温家川水文站作为流域出口点，得到地区内子流域划分图。窟野河流域共划分为 47 个子流域。划分子流域之后下一步是在其基础上，划分更小的水文响应单元 HRU 分析。SWAT 将 HRU 作为模型中最基本的计算单元。为了在复杂的下垫面条件下更好地进行径流模拟，将流域土地利用类型面积比重最小阈值设置为 5%、土壤类型面积比重最小阈值设置为 10%，坡度面积比重最小阈值设置为 10%，生成 HRU Feature Class，将研究区分为 198 个水文响应单元。

SWAT 模型在建模过程中，需要根据研究区域特性进行模型参数敏感性分析，从而有针对性地率定参数。本书采用 SWAT-CUP 中 SUFI-2(sequential uncertainty fitting version 2)算法对模型参数进行敏感性分析。参考以往研究的参数选取及窟野河流域特点，本书选择常用的 9 个参数加上坡度和坡向共 11 个参数进行率定，模拟得到了敏感性参数排名：SLSUBBSN、SOL_K、SOL_AWC、HRU_SLP、ALPHA_BF、ESCO、GWQMN、CN2、SOL_Z、RCHRG_DP。

5.1.3 新安江模型

本书根据窟野河流域水文站分布情况，划分子流域构建新安江模型。根据资料即将流域出口控制水文站温家川以上按照有资料水文站分布情况划分为 3 个子流域，分别构建新安江模型率定参数，见图 5-4。

水文站之间的汇流与河道演算则采用多输入单输出线性系统模型，将区间流域降水产流与上游河道合成入流作为输入，输出下游水文站流量过程。多输入单输出线性系统模型为

$$Q_k = F \sum_{j=1}^{m_1} R_{k-j+1}^{(1)} h_j^{(1)} + \sum_{j=1}^{m_2} R_{k-j+1}^{(2)} h_j^{(2)} + e_k \tag{5-1}$$

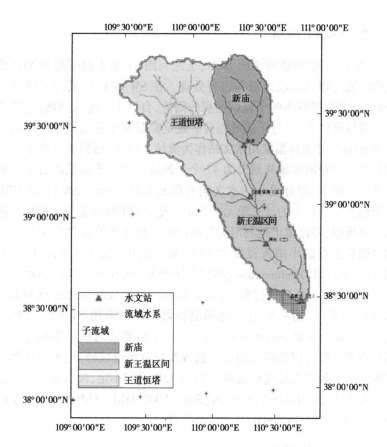

图 5-4　窟野河流域 3 个子流域划分图

式中　Q_k——输出流量;

$R_j^{(1)}$——流域降水产流,m/s;

F——区间(子流域)流域面积;

$R_j^{(2)}$——上游合成入流;

$h_j^{(1)}$、$h_j^{(2)}$——$R_j^{(1)}$ 与 $R_j^{(2)}$ 的标准化脉冲响应函数;

m_1、m_2——相应的记忆长度;

e_k——误差项。

$h_j^{(i)}$ 采用 Nash 瞬时单位线计算:

$$h_j^{(i)} = \frac{1}{T} \int_{(j-1)T}^{jT} \left[S_i(t) - S_i(t - T) \right] / T \mathrm{d}t \quad (i = 1,2) \tag{5-2}$$

$$S_i(t) = \int_0^t \frac{1}{K_i \Gamma(n_i)} e^{-\left(\frac{\tau}{K_i}\right)} \left(\frac{\tau}{K_i}\right)^{n_i - 1} \mathrm{d}\tau \quad (i = 1,2) \tag{5-3}$$

式中 $\Gamma(n)$——Gamma 函数；

K_i、n_i——参数；

T——计算时段。

5.1.4 水文气象数据前处理

对于温家川水文站,将收集的《黄河流域水文设计成果修订》的温家川站 1956~2010 年逐月径流的还原部分,按照日径流与月径流的比例进行逐日还原,得到温家川站还原后的逐日径流数据,其方法为

$$Q_{温日还} = Q_{温日测} + \left(W_{温月还} - W_{温月测} \right) \times \frac{W_{温日测}}{W_{温月测}} \times Coef_{W-Q} \tag{5-4}$$

式中 $Q_{温日还}$、$Q_{温日测}$——温家川站还原后、实测的逐日流量；

$W_{温月还}$、$W_{温月测}$——温家川站还原后和实测月径流量；

$W_{温日测}$——温家川站实测日径流量；

$Coef_{W-Q}$——径流量与日流量转换系数。

对于新庙水文站和王道恒塔水文站,将收集的《黄河流域水文设计成果修订》的温家川站 1956~2010 年逐月径流的还原部分,按照该站实测月径流与温家川站实测月径流的比值进行分配,并考虑日径流与月径流的比例进行逐日还原,得到该站逐日还原后的逐日径流数据,以新庙水文站为例,其方法为

$$Q_{新日还} = Q_{新日测} + \left(W_{温月还} - W_{温月测} \right) \times \frac{W_{新月测}}{W_{温月测}} \times \frac{W_{新日测}}{W_{新月测}} \times Coef_{W-Q}$$
$$\tag{5-5}$$

式中 $Q_{新日还}$、$Q_{新日测}$——新庙站还原后、实测的逐日流量；

$W_{新月测}$ 和 $W_{新日测}$——新庙站实测月径流量和实测日径流量；

$Coef_{W-Q}$——径流量与日流量转换系数；

其他符号含义同前。

5.2 非物理参数率定

新安江模型属于概念性集总或者概念性半分布式模型,其几乎所有的模型参数均无法直接根据流域物理特性获得,需要根据实测资料进行率定。而 VIC 模型和 SWAT 模型属于考虑一定物理机制的分布式模型,其大多数的模型参数可以直接根据流域特性计算获得,仅有个别模型参数需要通过实测资料率定。

例如,VIC 模型参数的确定可分为两类:第一类参数可以根据物理意义直接标定,包括植被参数(如结构阻抗、最小气孔阻抗、叶面面积指数、零平面位移、反照率、粗糙度及根区在土壤中的分布等)和土壤参数(如土壤饱和水力传导度、土壤饱和体积含水量、土壤气压、土壤总体密度、土壤颗粒密度、临界含水量、凋萎点的土壤含水量、残余含水量等);第二类参数需要利用流域实测水文资料进行率定,包括可变下渗曲线参数 b、最底土壤层中发生的最大基流 D_m、基流非线性增长发生时 D_m 的比例 D_s、基流非线性增长发生时最底层土壤最大水分含量的比值 W_s、3 层(顶薄层、上层土壤层和下层土壤层)深度 dep1、dep2、dep3 等 7 个参数。为了提高 VIC 模型参数率定效率和精度,一般可以通过大量数据支撑利用流域特征来移植模型参数,或者通过修改模型结构来尽可能减少模型参数数量,或者基于参数的物理意义,通过概念公式推导出参数的确定方法。黄亚等[125]基于大量的土壤数据,通过聚类分析和神经网络模型联合模拟计算,揭示了 VIC 模型中的参数 b 主要与土壤层深度、土壤层孔隙度、土壤层最大最小容重等土壤属性有关。本书限于土壤数据的可获得性,无法复制该研究方法。鲍振鑫等[126]根据由 Darcy 定律、Brooks-Corey 方程等推导出控制基流的 3 个参数:最底土壤层中发生的最大基流 D_m、基流非线性增长发生时 D_m 的比例 D_s 和基流非线性增长发生时最底层土壤最大水分含量的比值 W_s 的取值方法。研究认为,最底土壤层中发生的最大基流 $D_m = K_s$,基流非线性增长发生时最底土壤层中发生的最大基流的比例 $D_s = A_0 +$

$\int_{A_0}^1 \dfrac{K}{K_s} dA$，基流非线性增长发生时最底层土壤最大水分含量的比值

$W_s = \dfrac{m_f}{m_m}$。其中，K_s 为土壤的饱和水力传导度；A_0 为土壤饱和的面积比例；K 为土壤的非饱和水力传导度；m_f 为第 3 层土壤的田间含水量；m_m 为第 3 层土壤的饱和含水量。本书曾根据该方法进行过参数直接取值计算，但效果不甚理想。初步分析认为，由于黄土高原地区产流机制复杂，土壤要素较为特殊，该方法的适用性及土壤参数取值并不能完全准确刻画流域壤中流情况。本书也曾尝试依据实测资料建立模型参数与土壤要素的非线性关系，从而可以根据流域土壤要素特征变化动态更新模型参数，达到基于变动模型参数的动态模拟效果。然而由于土壤要素资料获得性问题，没有收到很好的效果。

最终，本书通过设定目标函数，给定初值和寻优范围，采用基因法、罗森布瑞克法和单纯形法等 3 种自动优化算法综合寻优的方式来进行模型参数率定。

5.2.1 目标函数

为使模型模拟效果更好，需要从过程和总量来控制寻优程序，使得模拟结果与实测资料更加贴合。本书采用 Nash 效率系数 R^2 和径流总量相对误差 RE 作为模型参数率定和检验的评价指标，计算如下：

$$R^2 = 1 - \frac{\sum_{t=1}^N (Q_t - Q_t')^2}{\sum_{t=1}^N (Q_t - Q)^2} \tag{5-6}$$

$$RE = 1 - \frac{\sum_{t=1}^N Q_t'}{\sum_{t=1}^N Q_t} \tag{5-7}$$

计算的 R^2 值越接近于 1 代表模拟的流量过程与实测流量过程越吻合，率定的模型参数越优；而 RE 的值越接近于 0，表明模拟的径流总

量与径流总量的实测值越接近,率定的模型参数越优。

5.2.2　优化算法

5.2.2.1　基因法

基因法(亦称遗传算法,Genetic)是一种基于自然基因和自然选择机制的寻优方法。该法按照"择优汰劣"的法则,将适者生存与自然界基因变异、繁衍等相结合,从各参数的若干可能取值中,逐步求得最优值。

基因法属于随机寻优法,它不是从参数的给定起始点按确定的搜索方向直接对参数值本身寻优,而是随机地从参数的搜索空间中选取 m 个点,以参数值的二进制码进行操作,从选取的 m 个点中随机地选取两点,并赋以产生较小目标函数值的点以较高的概率,按某一随机方式生成两个新点,一直到生成 m 个新点为止。通常,生成的 m 个新点可望比原有的 m 个点更接近于最优值域。

1. 基因算法的思路

基因算法要求待优化参数被表达成定长二进制位(bit)的形式。如以 8 位(一个字节)表达 10 进制数 2,则二进制表达为 00000010。这里每个二进制位值 0 或 1,就是基因算法中所谓的"基因"。基因算法在优化过程中的工作对象就是这些二进制为 0 和 1。

基因算法首先由待优化参数的一些可能取值生成一个搜索空间,该空间由待优化参数的 n 个(比如说 100 个)可能取值的定长二进制位数字串及其对应的目标函数值组成。基因算法从以上生成的初始搜索空间开始,由若干点平行地攀登若干函数极点,因此一般能够达到全局最优点。指导基因算法搜索的机制主要由如下三个操作器构成:再生成;交互;变异。这三个操作器在计算过程中是以概率转换为准则,而不是确定性准则。

所谓再生成,就是在前一次的搜索空间中,挑出 n 个数值串,挑选的原则是以概率准则作指导,目标函数较优的数值串(对应一个或一组参数的取值)被赋以较高的概率,这样被新挑选出的 n 个数值串中,较优的数值串可能重复多次(允许它给出多个后代);而目标函数较劣的数值串,可能就被淘汰了。

所谓交互,是指让新挑出的 n 个数值串两两配对,随机结合,并以一定的方式让两个配对数值串中的子串相交换,以便生成两个新的数值串,即产生两个后代。如果说数值串表达了一个完整的思想,是完成某一特定任务的描述,那么,数值串内的位(0 和 1)及其排列组合成的子串都与完成这一特定任务有关,并与任务完成的优劣密切相关联。因此,可以认为位及其排列组合是完成这一特定任务的各种各样的见解,交互的目的是为了引发不同见解的交流。这种经历就像在会议中,代表们互相借鉴经验和思想一样,高明的见解被重复检验与交换,以探索更好的结果。

根据目标函数的优度,其再生成与交互是基因算法处理能力的主要部分。但是,即使再生成和交互能够有效地搜索和再结合高明的见解,偶尔也会遗漏一些潜在的有用的基因材料。在人工基因系统中,变异操作器避免了这类不可挽回的损失。在简单的基因算法中,变异是对数字串中的位值做一些偶尔的随机变更,这就意味着有时需要将 0 置为 1,或将 1 置为 0。变异是在搜索空间内的随机移动,变异是一种策略,以防止重要见解的过早损失。应用研究的经验表明,要得到好的结果,变异的概率为 1/1 000,即 1 000 位变异一位。

具体实现基因算法三个操作器的概率准则及交互原则的设计方法,有多种多样,问题的关键是设计出的准则应在能使目标函数达到最优、参数稳定的前提下,计算量尽可能少。

2. 基因算法的工作步骤

设目标函数 f 是 n 个参数的函数,求其最小值,即

$$\min f(x_1, x_2, \cdots, x_n) \quad (a_i \leq x_i \leq b_i) \tag{5-8}$$

在具体模拟基因算法的步骤之前,先简单回顾一下数的二进制位表达形式。在二进制整数中,只有 0 和 1 两个元素,l 位的二进制整数共有 2^l 个,二进制整数和十进制整数之间可以互相转换,如以 8 位表达一个整数,二进制整数 00010011 相当于十进制整数 19。

设基因算法以 l 位二进制数进行工作,则 x_i 可以表达为

$$\left.\begin{aligned} x_i &= a_i + Ix_i \times \Delta x_i \\ \Delta x_i &= \frac{b_i - a_i}{2^l - 1} \end{aligned}\right\} \tag{5-9}$$

式中:Ix_i 为 2^l 个整数之一,即每个参数的数值范围被细分为 2^l-1 个小段,对应 2^l 个整数,Ix_i 为待优选值。任取一组 Ix_i 值按序排列在一起组成基因算法参数搜索空间 Ω 的一个点,例如,该点可能为

二进制: $\underbrace{10011\cdots0}_{l\ 位} \quad \underbrace{00110\cdots1}_{l\ 位} \quad \cdots \quad \underbrace{11100\cdots11}_{l\ 位}$

对应的十进制: $Ix_1 \qquad\qquad Ix_2 \qquad\qquad\qquad Ix_n$

l 决定了参数的精度,不宜取得太小,一般取 $l=10$ 即可满足精度要求。基因算法一般只需计算 5 000 个左右目标函数值即可得到近似最优解,其主要工作步骤如下:

(1)随机生成搜索空间 Ω 中的 m 个点(m 一般取值 100)。

(2)计算这 m 个点的目标函数。

(3)将目标函数按优、劣排序,$f_1 > f_2 > \cdots > f_m$。

(4)对上述 m 个点,按其函数值的优、劣赋以一定的概率。赋值的原则是:目标函数最小的点(m 点中的最优点)赋以最大的概率,而目标函数最大的点(m 点中的最劣点)赋以最小的概率,其他各点的概率在这两点之间内插。根据此原则,取

$$\left\{\begin{aligned} &P_m = \frac{c}{m} \quad (1 < c \leqslant 2) \\ &p_1 = \frac{2-c}{m} \\ &p_j = p_1 + \frac{p_m - p_1}{m-1}(j-1) \quad (j = 2, 3, \cdots, m-1) \\ &\sum_{j=1}^{m} p_j = 1 \quad (j = 1, 2, \cdots, m) \end{aligned}\right. \tag{5-10}$$

(5)依上述 p_j 概率分布,从 m 个点中随机抽取两点 A 和 B。

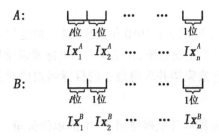

(6)在 A 点或 B 点上,按$(0,1)$均匀概率分布原则,随机选取两点 K_1 和 K_2,若 $K_1 > K_2$,则两点互换。

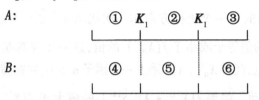

(7)用 A 的段①、B 的段⑤和 A 的段③形成一个新点,或者用 B 的段④、A 的段②和 B 的段⑥形成一个新点,两点任取其一,即新点为

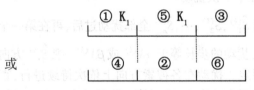

(8)对新形成点的每个位(0 或 1),以很小的概率(一般取 $p = 0.001$)进行变换,即 0 变成 1,1 变成 0。这一步骤与基因理论的变异相对应,以引起某种程度的变异。

(9)重复步骤(5)~(8),直至生成 m 个新点,代替初始生成的 m 个点。

(10)重复步骤(2)~(9),直至完成设定的目标函数计算次数,即可获得近似最优解。

5.2.2.2 罗森布瑞克法

该法由罗森布瑞克(Rosenbrock)于 1960 年提出,是一种迭代寻优过程,它把各搜索方向排成一个正交系统,在完成一个坐标搜索循环之后进行改善,当所有坐标轴搜索完毕并求得最小的目标函数值时迭代结束[5]。

设 $\hat{S}_1^{(k)}, \hat{S}_2^{(k)}, \cdots, \hat{S}_n^{(k)}$ 是 n 维欧几里得空间 E^n 中的单位矢量,k 表示搜索的阶段 ($k = 0, 1, \cdots$),$\hat{S}_1^{(k)}, \hat{S}_2^{(k)}, \cdots, \hat{S}_n^{(k)}$ 为一组生成的规格化正交方向,$\lambda_1, \lambda_2, \cdots, \lambda_n$ 分别为 $\hat{S}_1^{(k)}, \hat{S}_2^{(k)}, \cdots, \hat{S}_n^{(k)}$ 方向上的步长。搜索从 $X_0^{(k)}$ 起,由在序列的第一个坐标方向作一次扰动 $\lambda_1^{(k)} \hat{S}_1^{(k)}$ 开始,若 $f[X_0^{(k)} + \lambda_1^{(k)} \hat{S}_1^{(k)}]$ 的值等于或小于 $f[X_0^{(k)}]$ 的值,这一步就算是成功的,这时可以以试算点代替 $X_0^{(k)}$,$\lambda_1^{(k)}$ 乘上一个因子 $\alpha > 0$,并在搜索方向 $\hat{S}_2^{(k)}$ 做下一次扰动。如果 $f[X_0^{(k)} + \lambda_1^{(k)} \hat{S}_1^{(k)}]$ 的值大于 $f[X_0^{(k)}]$ 的值,这一步就算是失败的,这时 $X_0^{(k)}$ 不用代换,$\lambda_1^{(k)}$ 乘上一个因子 $\beta > 0$,然后在搜索方向作下一次扰动。

当 n 个搜索方向 $\hat{S}_1^{(k)}, \hat{S}_2^{(k)}, \cdots, \hat{S}_n^{(k)}$ 全部扰动过后,再在第一个方向做扰动。$\hat{S}_1^{(k)}$ 做扰动,扰动的步长等于 $\alpha\lambda^{(k)}$ 或 $\beta\lambda^{(k)}$,视 $\hat{S}_1^{(k)}$ 方向上最近一次扰动的结果而定。扰动在各搜索方向上依次持续进行,直到在第一方向上成功后遇到失败为止,这时第 k 阶段结束。由于函数值相等被认为是成功的,故在每个方向上当 $\lambda_i^{(k)}$ 的乘子将步长缩短时总会达到成功。所得的最后点变为下一阶段的始点,即 $X_0^{(k+1)} = X_0^{(k)}$。规格化方向 $\hat{S}_1^{(k-1)}$ 选为与 $(X_0^{(k+1)} - X_0^{(k)})$ 平行,其余方向选成互相正交并与 $\hat{S}_1^{(k+1)}$ 正交。

5.2.2.3 单纯形法

单纯形法(simplex)最早由 Splendy 等在 1962 年提出,Nelder 和 Mead(1965)针对该法不能加速搜索,以及在曲谷中或曲脊上进行搜索所遇到的困难,对搜索方法做了若干改善[5]。改进后的方法允许改变单纯形的形状,应用 E^n 中 $(n+1)$ 个顶点的可变多面体把具有 n 个独立变量的函数极小化。每一个顶点可由一个矢量 X 确定,在 E^n 中产生的 $f[X]$ 最高值的顶点,通过其余各顶点的形心连成射线,用更好的点逐次代替 $f[X]$ 具有最高值的点,就能找到目标函数的改进值,一直到 $f[X]$ 的极小值被找到为止。具体步骤如下:

(1)选定一个初始单纯形,它的 $N+1$ 个顶点 $X^{(i)}(i=1,2,\cdots,N+1)$ 是这样确定的。

首先给定一个初始点 $X^{(0)}$,可定义其他点为

$$X^{(i)} = X^{(0)} + \lambda e_i, \quad i = 1, 2, \cdots, N \tag{5-11}$$

其中,e_i 为 N 维单位向量,λ 是一个由问题的特性而猜想的常数(也可以对每个方向 e_i 选取不同的常数 λ_i)。

(2)计算 $f(x)$ 在这 $N+1$ 个顶点上的值 $f_i = f(X^{(i)})$, $i = 1, 2, \cdots,$ $N+1$,记

$$\begin{cases} f_L = f(X^{(L)}) = \min_{1 \leqslant i \leqslant N+1} \{f_i\} \\ f_H = f(X^{(H)}) = \max_{1 \leqslant i \leqslant N+1} \{f_i\} \\ f_G = f(X^{(G)}) = \max_{\substack{1 \leqslant i \leqslant N+1 \\ i \neq H}} \{f_i\} \end{cases} \tag{5-12}$$

对于求极小值点的问题来说,显然认为 $X^{(L)}$ 是最好的点,$X^{(H)}$ 是最坏的点,$X^{(G)}$ 是次坏的点。

(3)构造一个新的单纯形,它保留最好的点 $X^{(L)}$,另外要用一个比较好的点 $X^{(N)}$(至少应比 $X^{(H)}$ 好)去代替最坏的点 $X^{(H)}$,具体做法如下:

首先求除去最坏点 $X^{(H)}$ 以后的 N 个点的重心,即

$$X^{(C)} = \frac{1}{N} (\sum_{i=1}^{N+1} X^{(i)} - X^{(H)}) \tag{5-13}$$

然后求 $X^{(H)}$ 关于 $X^{(C)}$ 的反射点,即

$$X^{(R)} = (1 + \alpha) X^{(C)} - \alpha X^{(H)} \tag{5-14}$$

其中,$\alpha > 0$ 为反射系数,一般取 $\alpha = 1$。

最后,计算 $f_R = f(X^{(R)})$ 并与 f_L 进行比较。

若 $f_R \leqslant f_L$,表明反射成功,进行扩展,即求

$$X^{(E)} = \nu X^{(R)} + (1 - \nu)X^{(C)} \tag{5-15}$$

其中, $\nu > 1$ 为给定的扩展系数。若 $f_R < f_L$,就以 $X^{(E)}$ 作为 $X^{(N)}$,否则让 $X^{(R)}$ 作为 $X^{(N)}$ 。

若 $f_R > f_L$,此时如果 $f_R < f_G$,即 $X^{(R)}$ 点比次坏点 $X^{(G)}$ 要好一些,则取 $X^{(N)} = X^{(R)}$,否则,若 $f_R < f_H$,则用 $X^{(R)}$ 代替 $X^{(H)}$ 。令

$$X^{(N)} = \beta X^{(H)} + (1 - \beta)X^{(C)} \tag{5-16}$$

总之,我们得到了一个新的顶点 $X^{(N)}$ 。

(4)如果 $f_N < f_H$,则 $X^{(N)}$ 点比 $X^{(H)}$ 要好,用 $X^{(N)}$ 代替 $X^{(H)}$ 得到一个新的单纯形,上述过程可重复进行下去,即此时转到第(2)步。

如果 $f_N \geqslant f_H$,表明所取单纯形太大,缩小原来的单纯形,令

$$X^{(i)} = \frac{1}{2}(X^{(i)} + X^{(L)}) \quad i = 1,2,\cdots,N+1 \tag{5-17}$$

对缩小后的新单纯形继续迭代,即转向第(2)步。

(5)终止。

①若 $2|f(X^{(H)}) - f(X^{(L)})|/(|f(X^{(H)})| + |f(X^{(L)})|) < \varepsilon$,迭代停止。

②若迭代次数超过指定的最大允许值,停止迭代,表示迭代失败。

5.2.3 参数率定结果

将 Nash 效率系数 R^2 和径流总量相对误差 RE 两个目标函数按照同样权重进行加权平均,作为总的目标函数进行模型参数率定。3 种优化算法中,罗森布瑞克法的运算速度最快,单纯形法次之,基因法略差;参数初值的选定对基因法的影响较小,而对罗森布瑞克法和单纯形法的影响则较大;各方法以单纯形法的精度最高,罗森布瑞克法次之,基因法略差。因此,在模型参数率定过程中,综合上述 3 种方法的优点,以基因法的优选结果作为参数初值,然后采用罗森布瑞克法寻优,最后再采用单纯形法进一步优化,以期得到模型参数的最佳结果。

将 1980~2000 年作为模型的率定期,2000~2010 年作为模型的验证期。使用模型效率系数 R^2 (确定性系数)、径流总量相对误差 RE 作

为参数率定的目标函数。表 5-3~表 5-5 分别列出了 VIC 模型、SWAT 模型和新安江模型部分参数优选值,模型率定和验证结果见表 5-6。

由表 5-6 可以看出,以日尺度进行模拟计算,VIC 模型、SWAT 模型和新安江模型对窟野河流域的降雨径流的模拟结果尚可。率定期,模型模拟的确定性系数最大为 VIC 模型的 83.09%,最小为新安江模型的 66.88%,年径流相对误差最大为新安江模型模拟的 11.84%,最小为 VIC 模型模拟的 4.13%;验证期,模型模拟精度有所下降,模型模拟的确定性系数最大为 VIC 模型的 80.17%,最小为新安江模型的 67.85%,年径流相对误差最大为新安江模型模拟的 13.05%,最小为 VIC 模型模拟的 5.23%。

总体来看,模型模拟效果仍有较大提升空间。经分析可能由如下原因造成:①VIC 模型和 SWAT 模型分布式水文模型参数较多,由于缺少相关的观测试验,模型的主要植被参数和土壤参数值通过参考国外相关文献确定,其取值具有一定的主观性,给模拟径流增加了一定的不确定性;新安江模型主要的产流机制是蓄满产流,对黄土高原地区的超渗产流或者混合产流的过程刻画不准确;②在研究流域参数率定中,虽然采用的是经过还原的天然径流,但由于人类活动影响复杂,其与下垫面变化相互作用,进一步加大了水文模型模拟难度,尤其是对于日流量较小的径流模拟过程,模拟效果有待提高;下一步需要结合人类活动影响,在模型结构或者模拟结果上加以考虑。

表 5-3 窟野河流域 VIC 模型部分参数优选值

参数	b	D_s	D_m	W_s	dep1	dep2	dep3
率定范围	0.000 1~0.4	0.000 1~1	0.1~30	0.001~1	0.05~3	0.3~4.5	4.5~10
最终取值	0.36	0.09	3.2	0.4	0.1	2.8	5.6

表 5-4　窟野河流域 SWAT 模型部分参数优选值

敏感排名	参数名称	物理意义	取值范围	参数变化或最终取值
1	V__SLSUBBSN. hru	平均坡长	10~150	28. 87
2	R__SOL_K. sol	土壤饱和水力传导度	−0.8~0.8	0. 049 6
3	R__SOL_AWC. sol	土壤层有效水容量	−0.5~0.5	0. 070 6
4	V__HRU_SLP. hru	平均坡度	0~0.6	0. 438
5	V__ALPHA_BF. gw	基流 alpha 的系数	0~1	0. 858
6	V__ESCO. hru	土壤蒸发补偿因子	0.01~1	0. 422
7	V__GWQMN. gw	浅层含水层产生"基流"的阈值深度	0~5 000	1 853.86
8	R__CN2. mgt	湿润条件Ⅱ下的初始SCS 径流曲线值	−0.2~0.2	−0. 163

注：参数名称的前缀 V 表示参数取值为一个定值，R 表示参数取值在原数据的基础上波动范围；后缀 hru、sol、hru、gw、mgt 均表示参数文件格式。

表 5-5　窟野河流域新安江模型部分参数优选值

参数	新庙	王道恒塔	新王温区间
WM	102. 00	91. 80	92. 06
WUM	37. 88	34. 09	34. 19
WLM	45. 91	41. 32	41. 43
KE	0. 491	0. 442	0. 443
B	1. 996	1. 796	1. 801
SM	30. 00	27. 00	27. 08

续表 5-5

参数	新庙	王道恒塔	新王温区间
EX	0.902	0.812	0.814
CI	0.048	0.043	0.043
CG	0.005	0.005	0.005
IMP	0.012	0.011	0.011
C	0.298	0.268	0.269
KI	0.957	0.861	0.864
KG	0.990	0.891	0.893
N	1.996	1.796	1.801
NK	4.949	4.454	4.466

表 5-6　主要控制站统计的率定期和检验期的模拟结果

模型	控制站	率定期/%		验证期	
		R^2/%	RE/%	R^2/%	RE/%
VIC	新庙	83.09	4.13	80.17	5.23
	王道恒塔	81.79	5.20	78.76	7.03
	温家川	80.18	6.08	75.84	8.56
	平均	81.69	5.14	78.26	6.94
SWAT	新庙	80.89	6.46	76.81	7.15
	王道恒塔	78.33	7.57	74.64	8.69
	温家川	75.17	8.45	71.69	10.93
	平均	78.13	7.49	74.38	8.92

续表 5-6

模型	控制站	率定期/%		验证期	
		$R^2/\%$	RE/%	$R^2/\%$	RE/%
新安江	新庙	74.42	10.93	70.68	9.97
	王道恒塔	72.05	11.84	68.89	11.23
	温家川	66.88	10.88	67.85	13.05
	平均	71.12	11.22	69.14	11.42

5.3　模拟结果分析

根据对比分析,相对而言,VIC 模型模拟结果更优。图 5-5~图 5-7 分别绘出了流域各干流控制站的 VIC 日径流过程模拟结果和实测结果比较。从图 5-5~图 5-7 中可以看出,构建的 VIC 分布式水文模型可以较好地反映流域的降雨径流过程,但具体的精度还有待进一步提高。

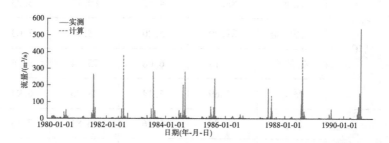

图 5-5　新庙站 1980~1990 年 VIC 模型模拟日径流过程与实测日径流过程比较

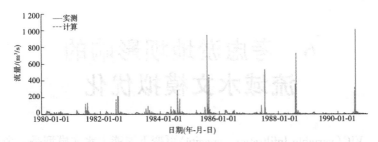

图 5-6　王道恒塔站 1980~1990 年 VIC 模型模拟日径流过程与实测日径流过程比较

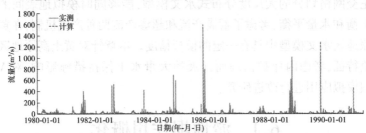

图 5-7　温家川站 1980~1990 年 VIC 模型模拟日径流过程与实测日径流过程比较

6 考虑淤地坝影响的
流域水文模拟优化

VIC(variable lnfiltration capacity)可变下渗能力水文模型是一个基于正交网格划分的大尺度分布式水文模型,能够同时模拟地表间的能量平衡和水量平衡,考虑了蓄满产流和超渗产流两种产流机制,在黄土高原地区水文模型中具有一定的模拟精度。本章针对黄土高原地区产汇流特征,考虑因保护治理而开展的大量水土保持措施影响,对 VIC 模型模拟应用进行改进研究。

6.1 淤地坝作用概化

黄土高原总面积 64 万 km²,其中水土流失面积达 45.17 万 km²,占全国水土流失面积的 13.04%,其中侵蚀模数大于 8 000 t/(km²·a)的极强度以上水蚀面积为 9.12 万 km²,占全国同类面积的 64.95%,是全国乃至世界上水土流失最严重地区。黄土高原地区严重的水土流失,造成大量的泥沙下泄入黄,使黄河成为世界著名的多泥沙、难治理的河流,严重制约了经济社会的可持续发展,对黄河下游的防洪安全构成了极大的威胁。治黄工作者针对黄河流域主要产沙区的泥沙入黄问题,开展了大量的水土保持治理工作,构建了黄河流域主要产沙区的林草、梯田和淤地坝等水保"三道防线"。其中,淤地坝得以广泛采用。

淤地坝是指在多泥沙沟道修建的以控制侵蚀、拦泥淤地、减少洪水和泥沙灾害为主要目的的工程设施。淤地坝的坝高不超过 30 m,总库容不大于 500 万 m³。按库容大小,淤地坝分为大、中、小等三种类型:库容小于 10 万 m³ 的称为小型淤地坝,库容 10 万~50 万 m³ 的称为中型淤地坝,库容 50 万~500 万 m³ 的称为大型淤地坝,具体分类情况见表 6-1。其中,中型淤地坝和大型淤地坝也叫治沟骨干工程、骨干坝。

表 6-1　淤地坝分类情况

项目	小型	中型	大型
集水面积/km²	1	1~3	>3
坝高/m	5~15	15~25	>25
库容/万 m³	1~10	10~50	50~500
坝地面积/km²	0.002~0.02	0.02~0.07	>0.07
设计标准(年)	10~20	20~30	30~50
校核标准(年)	30	50	50~300
淤积年限(年)	5	5~10	10~30
建筑物构成	土坝+溢洪道/泄洪洞	土坝+溢洪道/泄洪洞或土坝+溢洪道+泄洪洞	土坝+溢洪道+泄洪洞

　　截至 2015 年,潼关以上共修建淤地坝 56 185 座,主要分布在甘肃、内蒙古、宁夏、青海、陕西和山西等 6 省(区),且大部分分布在陕西、山西两省,见图 6-1。

　　黄土高原地区长期的水土保持实践经验表明,淤地坝是防治水土流失的重要措施和改善生态环境及农业生产、农村生活条件,发展农村经济的重要基础工程。淤地坝不仅可以快速发挥拦沙作用,还具有淤田造地、提高粮食产量、径流高效利用、优化种植结构、改善交通条件和巩固陡坡退耕成果的作用。淤地坝是黄河流域生态保护和高质量发展重大国家战略布局的关键措施,对减少入黄泥沙、促进地方经济发展和群众脱贫致富,全面建设小康社会具有重要的现实意义。习近平总书记曾在陕西视察调研时指出:"淤地坝是流域综合治理的一种有效形式,既可以增加耕地面积、提高农业生产能力,又可以防止水土流失,要因地制宜推行",在黄河流域生态保护和高质量发展座谈会上也提出"中游要突出抓好水土保持和污染治理,有条件的地方要大力建设旱作梯田、淤地坝等"。

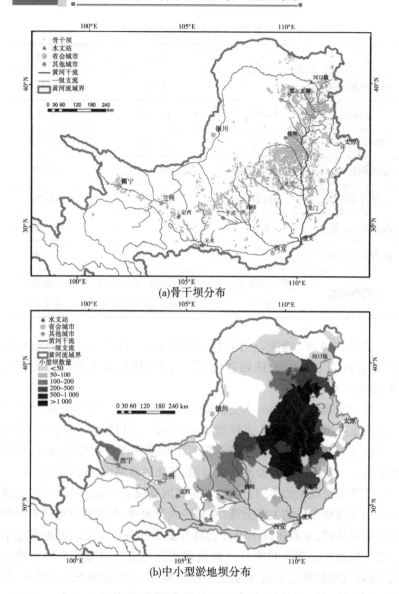

(a)骨干坝分布

(b)中小型淤地坝分布

图 6-1 潼关以上骨干坝、中小型淤地坝分布情况图

然而,数量众多的淤地坝在发挥拦沙等积极作用的同时,也严重扰动了区域的水文循环过程,特别是产汇流过程,水文序列的一致性遭到破坏,给黄土高原地区水文模拟带来了挑战,在产流机制模拟尚需改进的基础上,进一步加重了问题的复杂性。虽然骨干淤地坝数量可掌握,且具备设计运行资料,但数量众多的中小型淤地坝,因多数无法收集到设计运行资料,无法采用准确模拟的方法来进行水文模拟计算。为此,针对淤地坝的特性,采用"聚合淤地坝"方法对淤地坝在水文模拟中的影响进行分析,从而开展考虑淤地坝影响的水文模拟。

6.2　聚合淤地坝方法构建

为方便定量化考虑数量众多的淤地坝对流域水文模拟的影响,将子流域内所有淤地坝概化为一个具有简单蓄泄功能的聚合淤地坝,聚合淤地坝置于流域出口,见图6-2。

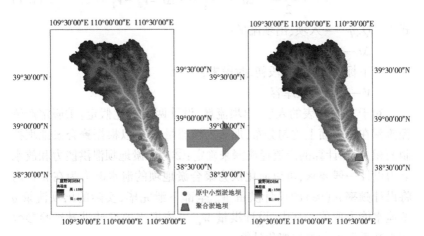

图6-2　聚合淤地坝示意图

根据淤地坝的运行惯例和淤地坝泄洪建筑物、放水建筑物设计规范[127]:①淤地坝滞洪库容和剩余拦泥库容均具有滞洪作用,安全超高库容对流域产流影响可以忽略;②淤地坝蓄水未达拦泥库容前不泄洪,达到拦泥库容后泄洪建筑物按照泄洪能力泄洪;③淤地坝一般设有放水建筑物,放水能力一般为 3~5 d 泄完 10 年一遇洪量、4~7 d 泄完设计频率洪量。为此,本书将所有淤地坝控制面积总和作为聚合淤地坝有效控制面积 A_a 来计算进入淤地坝的洪水;将所有淤地坝滞洪库容及剩余拦泥库容总和作为聚合淤地坝的有效库容 ΔV_a 共同进行滞洪,此时在无蓄水情况下聚合淤地坝库容设为 V_{a0},蓄泄变化根据产流情况计算。淤地坝在不同的运用状态下对流域产流的影响是不同的。在汛期初期和长期无降雨条件下,淤地坝未蓄水,处于空库迎洪状态,此时遇来水,淤地坝依靠有效库容主要发挥拦蓄作用;随着降雨持续,淤地坝逐渐蓄满,对来水的影响变小;其后,降雨基本停止后,淤地坝放水设施发挥泄水作用,可以在设计放水时限 3~7 d 内将拦蓄水量全部泄空。根据水量平衡理论设计聚合淤地坝的蓄泄规则,采用有限差形式的水量平衡方程,即

$$\frac{Q_1 + Q_2}{2} \cdot \Delta t - \frac{q_1 + q_2}{2} \cdot \Delta t = V_2 - V_1 \tag{6-1}$$

式中　Q、q——入坝、出坝流量;

　　　Δt——计算时段;

　　　下标 1、2——时段初、时段末;

　　　V——淤地坝库容。

对于 Q、q 代表的入坝、出坝流量,设计两个简化假定:①假定产流径流深在流域面上均匀分布,那么入坝流量 Q 可以根据聚合淤地坝控制面积 A_a 和计算的产流径流深来确定;②考虑淤地坝泄洪能力和放水能力设计一般要求,可以简化认为聚合淤地坝的泄水能力为在 n 日内将设计频率 $m(\%)$ 的设计洪量 W_m 全部下泄完毕,实际的出坝流量 q 按泄水能力取值。其中,设计洪量 W_m 可依据当地设计洪量经验参数或水文手册推荐方法概化计算。

为进行蓄泄规则计算,还需要确定聚合淤地坝在计算初始时刻,也就是洪水发生时聚合淤地坝的蓄水情况,即初始库容 V_0。如果是在汛期之前或者长时间没有降水产流的情况下,可以近似认为淤地坝无蓄水,即初始库容 $V_0 = V_{a0}$。但若前期已经有降雨产流发生,则聚合淤地

坝很可能已经蓄水,但实际计算时无法获得蓄水信息。用蓄水比例系数 ∂_0 来表征聚合淤地坝已蓄水量占有效库容的比例,则初始库容

$$V_0 = V_{a0} + \partial_0 \times \Delta V_a \qquad (6\text{-}2)$$

对于蓄水比例系数 ∂_0,本书采用 VIC 模型中的上层土壤含水量与上层土壤含水能力的比值 $\dfrac{W_{1i}}{W_{1c}}$ 来表征。比值 $\dfrac{W_{1i}}{W_{1c}}$ 可以标识土壤水分的收支状态,能够表征聚合淤地坝有效库容的蓄水状况,用来计算蓄水比例系数,即

$$\partial_0 = \left(\frac{W_{1i}}{W_{1c}}\right)^{\beta} \qquad (6\text{-}3)$$

将式(6-3)代入式(6-2),可得

$$V_0 = V_{a0} + \beta \times \left(\frac{W_{1i}}{W_{1c}}\right)^{\rho} \times \Delta V_a \qquad (6\text{-}4)$$

式中,β 为过程计算参数,利用实测洪水资料和典型淤地坝运行数据率定获得。

基于上述对入坝流量、出坝流量和初始库容 V_0 等输入条件和聚合淤地坝蓄泄规则的设计,则可以计算出聚合淤地坝时段蓄水量,逐时段从流域产流流量中将其减除即可获得考虑淤地坝影响后的水文模拟计算结果。

另外,考虑到淤地坝逐年淤积的特点,将聚合淤地坝的有效库容 V_0 根据淤地坝淤积情况由前 1 年的有效库容减去淤地坝淤积量进行逐年动态更新。考虑资料可获得性和计算简便,采用流域年均产沙模数,依据有拦沙能力的淤地坝控制面积,推算淤地坝历年淤积量。

$$M = \sum_{i=1}^{n} \frac{\Delta W_{Si}}{P_i A_i} \qquad (6\text{-}5)$$

$$W_{Si} = M \times \sum_{i=1}^{n} A_i \qquad (6\text{-}6)$$

式中　M——流域年均产沙模数,万 $t/(\text{km}^2 \cdot \text{a})$;

　　　ΔW_{Si}——i 座骨干坝的拦沙量,万 t;

　　　P_i——骨干坝运用年限;

A_i——某座骨干坝控制面积,km^2;

W_{Si}——流域某年骨干坝的拦沙量,万 t。

其中,流域年均产沙模数 M 采用相似移植法计算。具体方法为:根据黄土高原地区 2000 年左右建成的骨干坝,统计其截至 2011 年的拦沙量,扣除个别因老坝加固造成的淤积比特别大的坝,从中筛选出 920 座,依据每座坝控制面积和截至 2011 年的实测淤积量,考虑建成年份不同,通过加权平均,计算其单位控制面积年均拦沙量,即流域年均产沙模数。

6.3 水文模拟计算

窟野河流域历年来的淤地坝情况见表 6-2。以子流域为单元将聚合淤地坝模拟方法加入 VIC 模型计算过程,以实测水文资料作为模型计算的输入和对比输出。聚合淤地坝模拟中涉及的泄水能力参数 n 取 3,m 取 10,即 3 d 内下泄 10 年一遇设计洪量。其中,10 年一遇设计洪量依照《淤地坝技术规范》(SL/T 804—2020)中的推理公式法进行计算,所需参数根据黄土高原地区淤地坝平均状况和陕西、内蒙古 2 省(区)的水文手册获得。

表 6-2 窟野河流域历年淤地坝状况表

时段(年)	未考虑淤地坝作用		聚合淤地坝	
	Nash 系数 R^2/%	径流总量相对误差 RE/%	Nash 系数 R^2/%	径流总量相对误差 RE/%
1990~1996	74.42	−7.68	78.26	−6.31
1996~2007	71.95	−8.95	75.66	−7.23
2008~2013	69.53	−9.77	72.58	−7.82
平均	71.97	−8.80	75.50	−7.12

直接采用天然径流数据构建的 VIC 模型和率定的参数,对 1990 年

以来的实测径流资料进行模拟计算,对比是否考虑淤地坝影响两种方法的模拟效果。考虑到 1996 年前后的水保措施规模变化等因素,分不同年段统计 1990~1996 年、1996~2007 年、2008~2013 年的模拟效果见表 6-2。

从表 6-2 可以看出,总体而言,应用了聚合淤地坝方法后,模型模拟精度要高于未考虑淤地坝影响的水文模拟精度;随着年代变化,淤地坝数量增多,对流域产流影响作用增大,模拟精度逐渐降低。同时也发现,模型模拟的水量平衡相对误差均为负数,说明由天然径流资料构建的模型计算的模型模拟水量要大于实测数值。这是因为天然径流是在实测径流基础上,将人类影响进行还原而得到的,因此用其构建的模型计算数值是要大于实测值的,符合一般规律认识。

选取了典型洪水过程对 VIC 模型模拟结果进行对比,见图 6-3。从图 6-3 中可以看出,基于聚合淤地坝的模拟能够在一定程度上刻画淤地坝群蓄泄对产流的影响,模拟效果好于未考虑淤地坝作用的模拟过程,特别是对于洪水过程的前期。这是因为淤地坝在蓄满以前对降雨产流的影响更大。

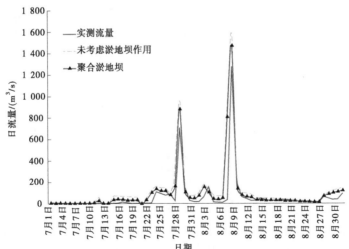

图 6-3　窟野河流域温家川站 1992 年模拟与实测日径流过程比较

总体来看,聚合淤地坝方法模拟结果相对可靠,但模拟精度并未很高,并且仍然随着淤地坝数量的增多,模拟精度有所下降。分析原因,主要是由于淤地坝的总体数量众多,空间分布广泛,运行机制不一,导致从峰和量两个维度上都对流域水文模拟产生非常复杂的影响。而本书提出的概化模拟方法更多是考虑淤地坝运用对流域洪水径流的时段总量影响,并不能准确模拟峰值的影响,需要在下一步研究中加以深化,以更好地还原变化环境下流域水文循环过程。

7 基于气候变化的流域水文情势预估

VIC 水文模型可以根据未来气象数据来计算未来的流域水文情势,而气候模式可以提供未来气象数据。将气候模式与 VIC 水文模型进行耦合,可以预估考虑气候变化的流域水文情势变化。本章选用常用的全球气候模式,降尺度处理后,与 VIC 水文模型进行耦合,应用于窟野河流域,预估未来流域水文情势。

7.1 气候模式选用及降尺度处理

7.1.1 气候模式选用

水文工作者往往依据预测的未来气候变化情势,利用陆面模式或水文模型来预测未来的水资源情势变化。目前,对于预估全球未来气候变化来说,全球气候模式是最重要也是最可行的方法。气候模式是用来描述气候系统、系统内部各个组成部分,以及各个部分之间、各个部分内部子系统之间复杂的相互作用,已经成为认识气候系统行为和预估未来气候变化的定量化研究工具。随着全球气候变化研究的不断发展,建立了评估全球气候变化的全球气候模式(GCM)。GCM 一般有4 个组成部分,即大气、陆地、海洋及冰雪。GCM 根据能量守恒方程、质量连续方程、状态方程及其他静力近似方程等模拟全球气候。近年来随着计算机技术的不断发展,基于准地转和原始方程的全球气候模式已基本成熟。根据主要特征,全球气候模式可分为 3 类:简单气候模式、中等混合气候模式及复杂气候模式。简单气候模式的大气分量包括能量平衡和辐射对流模式,海洋分量包括"沼泽"海洋和混合层海洋模式,海冰分量则只考虑热力学性质,这些模式的构造简单,并且包含的物理过程突出了主要的反馈过程。复杂气候模式则为全球大气耦合海洋环流和海冰模式,目前已经发展成为高分辨率的全球气候系统模式,其中包括全球大气环流模式、全球海洋环流模式、区域大气模式、区域海洋模式、海冰模式、陆地生物圈模式等。全球气候模式在空间分辨率上,大气模式分量的水平分辨率多为 3°~5°,海洋模式分量的水平分辨率多为 1°~3°;大气模式分量的垂直分辨率一般为 10~25 层,海洋模式分量的垂直分辨率一般为 20~50 层。目前,世界各国已经研制了40 多个全球气候模式。

政府间气候变化专门委员会(intergovernmental panel on climate change,IPCC)召集来自世界各国从事气候变化领域研究的科学家,评估气候变化的相关科学知识及对生态系统和社会经济的潜在影响。本书采用的气候模式数据来自于 IPCC 组织开展的国际耦合模式比较计划(coupled model intercomparison project,CMIP)。由于计划第 6 阶段CMIP6 推荐的模式在中国的适用性仍在探讨,本书暂时仍采用第 5 阶段 CMIP5 的模式数据,表 7-1 为根据相关研究的对比分析选用的 4 个气候模式基本信息,数据序列时间长度为 1901~2100 年。

表 7-1 研究采用 4 个气候模式基本信息

模式名称	简写	分辨率 (经向网格数×纬向网格数)	开发研究机构
Beijing Climate Center Climate System Model v1	BCC-CSM1.1	128×64	BCC, China Meteorological Administration, China 中国,中国气象局/国家气候中心
Beijing Normal University Earth System Model	BNU-ESM	128×64	The College of Global Change and Earth System Science, BNU, China 中国,北京师范大学

续表 7-1

模式名称	简写	分辨率(经向网格数×纬向网格数)	开发研究机构
The Community Climate System Model v4	CCSM4	288×192	National Center for Atmospheric Research, USA 美国,国家大气研究中心
Canadian Earth System Model v2	CanESM2	128×64	Canadian Centre for Climate Modeling and Analysis, Canada 加拿大,气候模拟和分析中心

由于区域气候变化的复杂性和不确定性,气候学家还难以准确地预测未来区域气候变化情况,因此在气候变化的研究中,采用"情景"(scenario)一词来描述未来气候变化状态。所谓"情景",是指预料或期望的一系列事件的梗概或模式,是描绘未来可能会怎样的可选择景象,是分析各种驱动因子如何影响未来排放结果并评估相关的不确定性的一种较为合适的工具。为了协调不同科学研究机构和团队的相关研究工作,强化排放情景对研究中和决策者研究和应对气候变化的参考作用,并在更大范围内研究潜在气候变化和不确定性,IPCC 在第五次评估报告中启用开发了代表性浓度路径 RCPs 情景,并将其应用到气候模式、影响、适应和减缓等各种评估中。代表性浓度路径 RCPs 一般定义为考虑人类活动对气候变化的影响下对辐射活性气体和颗粒物排放量、浓度随时间变化的一致性综合预测。目前,IPCC 已在现有文献中识别了 4 类代表性 RCPs(RCP8.5、RCP6、RCP4.5 和 RCP3-PD),并确定利用 4 个 IAMs 提供每种路径下的辐射强迫、温室气体(气溶胶、化学活性气体)排放和浓度及土地利用/覆盖的时间表,见表 7-2。

气体 RCP8.5 为 CO_2 排放参考范围 90 百分位数的高端路径,其辐射强迫高于 SRES 中高排放(A2)情景和石化燃料密集型(A1FI)情景。

RCP6 和 RCP4.5 都为中间稳定路径,且 RCP4.5 的优先性大于 RCP6。RCP-PD 为比 CO_2 排放参考范围低 10 百分位数的低端路径(采用 RCP2.6),它与实现 2100 年相对工业革命之前全球平均温升低于 2 ℃ 的目标一致,因而受到广泛关注,另外,它提出了辐射强迫达到峰值后下降的新概念,将促进对气候变化及影响不可逆性的深入分析。可以看出,相比而言,RCP4.5 情景既注重环境保护,同时注重经济发展与区域平衡,这是最可能发生的情景,因此在对未来径流量预估的时候,主要考虑 RCP4.5 排放情景下的预估结果作为分析的依据。本书收集了 IPCC-AR5 的 4 个气候模式在 RCP4.5 排放情景下的共计 4 套气候变化情景数据。

表 7-2 RCPs 浓度路径情况概况

名称	辐射强迫	大气温室气体浓度	路径形状	模型和开发团队 *	2100 年预计升温
RCP8.5	2100 年大于 8.5 W/m²	2100 年大于 1 370× $10^{-6}CO_2$ 当量	上升	MESSAGE IIASA	4.6~10.3 ℃/ 6.9 ℃
RCP6	2100 年之后稳定在 6 W/m²	2100 年之后稳定在 850×$10^{-6}CO_2$ 当量	不超过目标水平达到温度	AIM NIES	3.2~7.2 ℃/ 4.8 ℃
RCP4.5	2100 年后稳定在 4.5 W/m²	2100 年之后稳定在 650× $10^{-6}CO_2$ 当量	不超过目标水平达到温度	MiniCAM PNNL	2.4~5.5 ℃/ 3.6 ℃
RCP3-PD	2100 年之前达到 3 W/m² 的峰值后下降	2100 年之前达到 490× $10^{-6}CO_2$ 当量峰值后下降	达到峰值后下降	IMAGE NMP	1.6~3.6 ℃/ 2.4 ℃

注 *: MESSAGE 是指奥地利国际应用系统分析研究所(International Institute for Applied System Analysis, IIASA)开发的能源供给策略和环境影响模型(Model for Energy Supply Strategy Alternatives and Their General Environmental Impact);AIM 是指由日本国立环境研究所(National Institute of Environmental Studies, NIES)开发的亚太综合模型;MiniCAM 是指美国西太平洋国家实验室(Pacific Northwest National Laboratory, PNNL)开发的全球环境综合评估模型(Integrated Model to Assess the Global Environment)。

7.1.2 气候模式降尺度

7.1.2.1 降尺度方法选用

由于全球气候模式 GCM 的水平网格分辨率一般在 $10^4 \sim 10^5$ km, 缺少足够的区域尺度下的气候过程、地形情况及海陆分布情况等因素, 因此将其直接应用到区域尺度上是非常困难的, 不易对区域气候情景做详细的预测。为了弥补 GCM 在区域气候变化情景预测方面的不足, 常常采用降尺度方法进行尺度降解。对原始低精度 GCM 模拟结果进行空间降尺度, 常用的方法有 2 种, 即动力降尺度方法和统计降尺度方法。

其中, 动力降尺度方法需要建立区域气候模式 RCM, 通过耦合 GCM 来预估区域未来气候变化情景, 最早于 20 世纪 80 年代末由美国的 Giorgi 和 Dickinson[128] 提出, 主要思想是通过建立与 GCM 耦合的高分辨率的有限区域模型 (LAM) 或区域气候模型 (RCM) 来预估未来区域的气温、降雨等气候因素的变化情景。经过最近十几年的发展, 各国均发展与 GCM 耦合的区域气候模型 RCM, 例如: 由美国国家大气研究中心将中尺度模式 LAM 与 GCM 耦合, 建立区域气候模式 RegCM1, 后来又发展其改进版 RegCM2 和 RegCM3[129]; 意大利国际理论物理中心的区域气候模式 RegCM_ICTP; 美国西北太平洋国家实验室区域气候模式 PNNL-RCM; 中国气象局国家气候中心的区域气候模式 RegCM_NCC; 中国科学院大气物理研究所的区域环境系统集成模式 RIEMS 等。由于动力降尺度法具有物理意义明确, 不受观测资料的影响, 可以应用不同的分辨率, 反映影响局地气候的地面特征量及其气候本身未来的波动规律等特点, 在国内外研究气候变化对水文水资源的影响中得到广泛应用。动力降尺度法存在的主要缺点是计算量很大、费机时, 而且模拟效果受 GCM 提供的边界条件影响大, 兼容性差, 在不同区域使用时需要重新调整参数。这些不足都限制了动力降尺度法的发展。

而统计降尺度方法是利用多年观测气候资料建立大尺度气候因子 (主要为大气环流因子) 和区域气候要素 (区域内的气温、降水等) 之间建立统计关系, 并用独立的观测资料检验这种关系, 最后应用这种关系将未来气候变化情景的 GCM 输出大尺度信息转化为区域气候变化情景。实际上,区域气候是以大尺度气候为背景的,并且受区域下垫面特征,如地形、离海岸的距离、植被等的影响。在某个给定的范围内,大尺度和中小尺度气候变量之间应该是相关的。也就是说,统计降尺度方法是基于 3 条假设条件[130-131]:①大尺度气候场和区域气候要素场之间具有显著的统计关系;②大尺度气候场能被 GCM 很好模拟;③在变化的气候情景下,建立的统计关系是有效的。所以,应用统计降尺度法时,就是利用多年观测气候资料建立大尺度气候因子(主要为大气环流因子)和区域气候要素(区域内的气温、降水等)之间建立统计关系,并用独立的观测资料检验这种关系,最后应用这种关系将未来气候变化情景的 GCM 输出大尺度信息转化为区域气候变化情景。统计降尺度由 Kim 等[132]首先提出,其中利用了气温、降水季节循环的空间分布,后经 Wigley,Karl,Wilby 等[133-134]的发展。统计降尺度方法可以将GCM 中物理意义较好、模拟较准确的气候信息应用于统计模式,从而纠正 GCM 的系统误差,并且不用考虑边界条件对预测结果的影响。与动力降尺度法相比,有以下特点:计算量非常小,节省机时,可以很快地模拟出百年尺度的区域气候信息,同时很容易应用于不同的 GCM 模式,还能将大尺度气候信息降尺度到站点。

    统计降尺度方法由于可以纠正 GCM 的系统误差,运算量小、时间效率高,因而被广泛采用。人工神经网络(artificial neural network, ANN)法是统计降尺度研究中常用的一种非线性方法,其以生物大脑的结构和功能为基础、以网络结点模仿大脑的神经细胞、以网络连接权模仿大脑的激励电平、以简单的数学方法完成复杂的智能分析,能有效地处理问题的非线性、模糊性和不确定性关系。ANN 以其大规模并行处理、分布式存储、自适应性、容错性等优点吸引了众多领域科学家的广泛关注,被广泛地应用于生物、电子、计算机、数学和物理等领域。本书应用 BP 人工神经网络模型(back propagation artificial neural network),对窟野河流域 RCP4.5 情景下 4 个 GCM 输出的相关气象要素变量进行降尺度研究。多输入单输出 3 层人工神经网络数学模型的表达式为

$$y(t) = f\left[\sum_{j=1}^{m} w_j f\left(\sum_{i=1}^{n} v_{ij} x_i(t) + \theta_j\right) + \theta_0\right] \tag{7-1}$$

式中　$y(t)$——模型输出的 t 时刻的气象要素变量;

　　　$x_i(t)$——模型输入的 t 时刻第 i 个大气环流因子值;

　　　v_{ij}——连接输入层和隐层的权系数向量;

　　　w_j——连接隐层和输出层的权系数向量;

　　　n——输入层维数(大气环流因子的个数);

　　　m——隐层的维数;

　　　θ_j——隐层阈值;

　　　θ_0——输出层阈值;

　　　$f(\cdot)$——转移函数。

ANN 训练采用误差反向传播学习算法(back propagation, BP),即通过计算误差,由输出层向输入层方向修改网络参数的过程,学习目标是使网络误差 E 符合要求。权重 w 的修正方式如下:

$$w(t+1) = w(t) - \eta\left(\frac{\partial E}{\partial w}\right)_{w=w(t)} \tag{7-2}$$

式中,η 是 $0\sim1$ 内的数,反映网络学习效率。

7.1.2.2　降尺度模型构建

降尺度预报因子的选择在统计降尺度中是很关键和重要的一步,因为预报因子的选择很大程度上决定了预报未来气候情景的特征。Wilby 等[135]认为选择预报因子应该遵循 4 个原则:一是所选择的预报因子要与所预报的预报量有很强的相关性;二是所选择的预报因子必须能够代表大尺度气候场的重要物理过程和气候变率;三是所选择的预报因子必须能够被 GCM 较准确的模拟;四是所选择的预报因子之间应该是弱相关或无关。Cui、Hewitson 和 Crane[136-137]均认为应该选取物理意义较为明确的预报因子。对于降水而言,海平面气压场被普遍认为是一个重要的预报因子,而高度场和湿度场是否作为预报因子也会对降水预测结果产生很大的影响;对于气温而言,一个温度因子和一个环流因子联合作为预报因子比单个变量作为预报因子能够得到更真实的结果。选择好预报因子后,应用大尺度气候资料如 NCEP 再分析资料或欧洲中心资料,与研究区域站点观测资料来确定大尺度气候因子和地面气候变量之间的统计关系,从而建立统计降尺度模式。大尺度气候模式的预报因子对区域降水的影响是由覆盖区域的多个格网共同作用的。为了基于实测资料建立统计降尺度方法,采用了美国国家环境预报中心(National Centers for Environmental Prediction)与美国能源部(Department of Energy)研制的 NCEP/DOE Reanalysis Ⅱ 1979~2010年日数据作为观测的大尺度气候资料,空间分辨率为 2.5°×2.5°。根据窟野河流域气候特点,经分析,本书选择海平面气压、地面气温、500 hPa、850 hPa 位势高度场和 500 hPa、850 hPa 湿度 6 个因子作为降水的降尺度预报因子;选择海平面气压、850 hPa 温度场 2 个因子作为气温降尺度预报因子。

利用窟野河流域国家气象站点实测的 1979~2010 年的日降水、日气温资料和 NCEP/DOE Reanalysis Ⅱ 的气候因子,分别采用 3 层结构的 BP 神经网络,建立统计关系模型。以 1979~2000 年作为率定期,2001~2010 年作为检验期,对该人工神经网络模型进行训练。分别采用效率系数 R^2、模拟系列均值和标准差相对实测系列的相对误差评价所建立统计降尺度方法的优劣。表 7-3 给出了 BP 人工神经网络的模拟结果统计,图 7-1 给出了 BP 人工神经网络检验期在窟野河流域对月均降水、月均气温的模拟情况。

表 7-3 BP 人工神经网络降尺度模型对窟野河流域日降水、日气温模拟结果

气候要素	模拟阶段	实测		BP-ANN 模拟				
		均值/mm	标准差/mm	均值/mm	相对误差/%	标准差/mm	相对误差/%	R^2/%
日降水	率定期	0.98	6.74	0.89	-9.18	5.16	-23.44	61.07
	检验期	1.05	6.98	0.96	-8.57	5.19	-25.64	59.31
日气温	率定期	8.54	2.24	9.16	7.26	1.98	-11.61	70.33
	检验期	8.72	2.63	9.53	9.29	2.35	-10.65	64.17

从表 7-3 中,可以看出 BP 人工神经网络对日降水系列的均值模拟相对误差在-10%之内,标准差、相对误差在-25%之内;BP 人工神经网

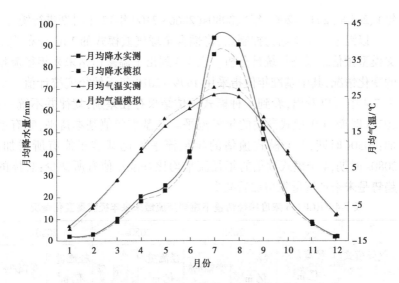

图 7-1　检验期 BP 人工神经网络降尺度模拟窟野河流域月平均结果

络对日气温系列的均值模拟相对误差在 10% 以内,标准差的相对误差基本在-10% 以内;效率系数 R^2 接近 60% 或在 60% 以上,效率系数 R^2 率定期均大于检验期;相对而言,对降水的模拟总体偏小,对气温的模拟总体偏大,对气温的模拟精度要大于降水。由图 7-1 可知,模拟系列与实测系列基本吻合,从月尺度看模型对气温、降水的模拟能够满足精度要求。

7.2　基于气候变化的流域水文情势预估

采用距离倒数权重插值法,通过空间插值将 4 个全球气候模式的输出格网的分辨率调整到与 NCEP/DOE Reanalysis Ⅱ 数据相同的 2.5°×2.5°,并利用构建的基于 BP 人工神经网络的降尺度方法进行 GCM 降尺度处理。采用单向耦合的方法耦合气候模式与 VIC 模型,即用降尺度后气候模式结果输出驱动分布式 VIC 模型,估算未来流域水文情势。为了便于分析,将未来流域水文情势分 2030s(2026~2045

年)、2050s(2046~2065年)、2080s(2066~2100年)3个时期进行统计。

以温家川水文站为控制点,将耦合全球气候模式的 VIC 分布式水文模型预估结果进行统计分析。表 7-4 列出了温家川站未来年径流量的变化情况,其中基准年值指采用 1979~2010 年天然径流统计值。从表 7-4 中可以看出,看到 4 种模式预估结果存在差别,规律并不统一;2030s 时期,4 个模式预估的年径流平均与基准年值基本持平,略有增加;2050s 时期,4 个模式预估的年径流平均比基准年值有所增加;2080s 时期,4 个模式预估的年径流平均比基准年值有所减少;总体的趋势是未来径流量先增加后减少。

表 7-4　RCP4.5 浓度路径情景下窟野河流域未来年径流量变化情况

气候模式	基准年径流量/亿 m³	2030s		2050s		2080s	
		径流量/亿 m³	变幅/%	径流量/亿 m³	变幅/%	径流量/亿 m³	变幅/%
BCC-CSM1.1		4.57	5.68	4.79	10.98	4.17	-3.41
BNU-ESM		4.63	7.20	4.93	14.02	4.29	-0.76
CCSM4	4.32	4.39	1.52	4.57	5.68	4.01	-7.20
CanESM2		4.19	-3.03	4.45	3.03	3.91	-9.47
平均		4.44	2.84	4.68	8.43	4.10	-5.21

图 7-2 给出温家川站未来月径流量变化情况。图 7-2 中结果显示各控制站月径流在汛期变化较大,说明各种气候模式由于计算条件和运算方法不同,给出的结果并不一致。因此,对于流域保护治理工作,需要综合多种模式结果来预估水文情势,尽可能将单个气候模式的不确定性降至最低。

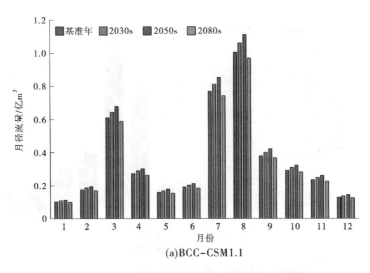

(a)BCC-CSM1.1

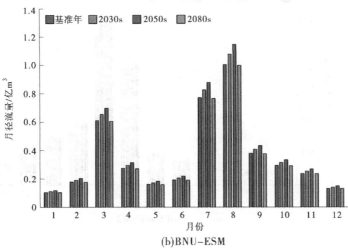

(b)BNU-ESM

图 7-2 基于气候模式驱动的 VIC 模型预估的温家川站未来月径流变化情况

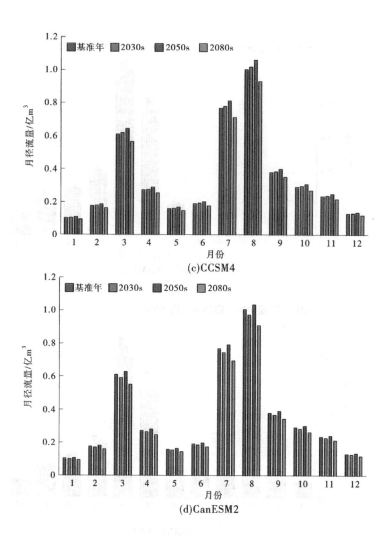

(c)CCSM4

(d)CanESM2

续图 7-2

8 总结与展望

8.1 主要工作

黄土高原地区总面积约 64 万 km²，占全国土地总面积的 6.76%，总人口 1.08 亿，曾长期是我国政治、经济、文化的中心地区，又是我国多民族交汇地带，是比较贫困的地区，也是革命时期的红色根据地。黄土高原是我国四大高原之一，加快黄土高原保护治理对于我国推进西部大开发战略实施、全面实现第二个百年奋斗目标，具有十分重大而深远的意义。近年来，黄土高原地区环境不断变化，迫切需要开展变化环境下水文模拟研究，为黄土高原保护治理提供技术支撑。

本书结合中国博士后科学基金、河南省博士后科研启动经费、中原青年拔尖人才资助等项目，选定窟野河流域作为典型研究对象，收集了雨量、气温、风速、流量等水文气象站点资料、DEM 数据、植被数据、土壤数据等数据并进行了本地化处理，改进水文模型应用，开展了变化环境下水文模拟研究，完成所在工作站单位关于构建黄土高原地区水文模型的研究任务。主要工作如下：

(1) 分析了变化环境下流域雨水关系变化。基于实测降雨资料，从降雨量和降雨强度等多个维度设计或应用了 6 类（时段降雨量、最大 N d 雨量、不同等级降雨笼罩面积、不同等级降雨量、降雨日数及平均雨强等）共计 32 个降雨指标，采用空间展布及面统计方法，分析1954 年以来不同年代流域降雨变化情况；基于土地利用和地表覆被变化特点，考虑修建梯田、种草、封禁治理、修建淤地坝和植树造林等水保措施、煤炭开采和水库建设等影响，分析了流域环境变化特点；在此基础上，分析了降雨-径流关系、暴雨-洪水关系等雨水关系变化情况。分析表明，1954 年至今，随着环境变化影响日益剧烈，同样总量和强度的降雨/暴雨产生的径流/洪水呈现显著减少的特点,流域雨水关系发生了明显变化。

(2)研究对比了不同水文模型在黄土高原地区水文模拟中的适用性。基于1 km×1 km网格单元或水文站控制子流域,分别构建VIC模型、SWAT模型和我国应用最广泛的新安江模型,采用基因算法、罗森布瑞克法和单纯形法等3种方法对模型需率定的参数联合自动优选,对研究流域进行水文模拟。研究表明,黄土高原地区的产流机制复杂,单一的超渗产流或者蓄满产流都无法准确描述流域的产流过程,相对而言,综合考虑超渗产流和蓄满产流两种产流机制的VIC模型模拟效果要略好。

(3)研究改进了VIC模型在黄土高原地区水文模拟中的应用。针对黄土高原地区大量淤地坝作用对水文模拟的影响,引入"聚合淤地坝"概念,设计聚合淤地坝蓄泄模拟规则,并简要考虑了淤地坝逐年淤积变化,提出基于淤地坝作用概化的模拟方法,对VIC水文模型的应用进行改进。研究表明,改进后的应用可以更好地刻画环境变化影响,提高模拟精度。

(4)研究预估了流域未来水文情势变化。选用BCC-CSM1-1、BNU-ESM、CCSM4、CanESM2等4种中外广泛应用的全球气候模式在RCP4.5代表浓度路径情景下的气象预测结果,采用BP人工神经网络模型进行统计降尺度处理,与构建的VIC流域水文模型进行单向耦合,开展气候变化背景下流域未来水文情势变化预估研究。研究表明,在气候变化影响下,流域未来径流呈现先增加后减少的特点。

8.2　研究展望

本书研究工作主要是针对黄土高原地区水文模拟开展相关研究,完成了既定的工作任务。但限于精力,很多想法没有深入研究,如对VIC模型产流机制的改进。VIC模型可以在模型网格单元内同时动态考虑蓄满和超渗产流方式,以及考虑次网格土壤空间不均匀性的影响。模型认为蓄满产流一般发生在靠近河道的地方,而超渗产流一般发生在一些远离河道且降雨超过入渗能力的地方。从产流机制来看,VIC模型的产流计算可以看成是蓄满产流方式和超渗产流方式的一种水平空间上的串联组合,以考虑空间产流分布为主,在同一流域位置,并未细化考虑蓄满和超渗产流垂向上的串联组合。因此,如果引入垂向混合产流机制对模型进行改进,从而可以在水平和垂向空间上对蓄满产流方式和超渗产流方式进行联合考虑,对黄土高原地区水文模拟而言,将具有一定的研究价值。

未来的深化研究可重点放在产流机制改进以及基于土壤特性刻画的黄土高原下垫面变化对产汇流影响等方面的研究。

参考文献

[1] Sherman L K. Streamflow from Rainfall by the Unit Hydrograph Method [J]. Engineering News Record, 1932, 108: 501-505.

[2] 赵人俊. 流域水文模拟——新安江模型和陕北模型[M]. 北京:水利电力出版社, 1984.

[3] Abbott M B, et al. An introduction to the European Hydrological System [J]. Journal of Hydrology, 1986, 87(1): 45-77.

[4] Liang X, Lettenmaier D P, Wood E F, et al. A simple hydrologically based model of land surface water and energy fluxes for general circulation models [J]. Journal of Geophysical Research-Atmospheres, 1994, 99(D7): 14415-14428.

[5] 高冰. 长江流域的陆气耦合模拟及径流变化分析 [D]. 北京:清华大学, 2012.

[6] Gu H, Yu Z, Wang G, et al. Impact of climate change on hydrological extremes in the Yangtze River Basin. China [J]. Stochastic Environmental Research and Risk Assessment, 2015, 29: 693-707.

[7] IPCC. IPCC special report on emissions scenario: summary for policymakers [M]. Cambridge: Cambridge University Press, 2000.

[8] Tang L, Yang D, Hu H, et al. Detecting the effect of land-use change nutrient losses by distributed hydrological simulation [J]. Journal of Hydrology, 2011, 409: 172-182.

[9] 王建华, 肖伟华, 王浩, 等. 变化环境下河流水量水质联合模拟与评价 [J]. 科学通讯, 2013, 58(12): 1101-1108.

[10] Clark M P, Kavetski D, Fenicia F. Pursuing the method of multiple working hypotheses for hydrological modeling [J]. American Geophysical Union, 2011, 47(9): 178-187.

[11] Doherty J, Welter D. A short exploration of structural noise [J]. Water Resources Research, 2010, 46(5): 567-573.

[12] Doherty J, Christensen S. Use of paired simple and complex models to reduce predictive bias and quantify uncertainty [J]. Water Resources Research, 2011, 47(12): 4154-4158.

[13] 菅浩然,刘洪波,童冰星.分布式水文模型的构建与应用比较研究 [J].人民黄河,2020,42(5):24-29,51.

[14] Joy T A, Muthukrishna V K. Assessing Non-Point Source Pollution Models: a Review [J]. Journal of Environmental Study, 2018, 27(5):1913-1922.

[15] 张建云,王金星,李岩,等. 近50年我国主要江河径流变化 [J]. 中国水利,2008, 2: 31-34.

[16] Ma H, Yang D, Tans K, et al. Impact of climate variability and human activity on decrease in the Miyun Reservoir catchment [J]. Journal of Hydrology, 2010, 389(3-4): 317-324.

[17] Xu X, Yang D, Sivapalan M. Assessing the impact of climate variability on catchment water balance and vegetation cover [J]. Hydrology and Earth System Sciences, 2012, 16(1): 43-58.

[18] Roderick M L, Farquhar G D. A simple framework for relating variations in runoff to variations in climatic conditions and catchment properties [J]. Water Resources Research, 2011, 47: 667-671.

[19] Yang H, Yang D. Derivation of climate elasticity of runoff to assess the effects of climate change on annual runoff [J]. Water Resources Research, 2011, 47(7): 197-203.

[20] Wang D, Hejazi M. Quantifying the relative contribution of the climate and direct human impacts on mean annual streamflow in the contiguous United States [J]. Water Resources Research, 2011, 47(10):1995-2021.

[21] Xu X, Yang H, Yang D, et al. Assessing the impacts of climate variability and human activities on annual runoff in the Luan River basin, China [J]. Hydrology Research, 2013,44(5): 940-952.

[22] Li H, Zhang Y, Vaze J, et al. Separating effects of vegetation change and climate variability using hydrological modelling and sensitivity-based approaches [J]. Journal of Hydrology, 2012: 403-418.

[23] Desta Y, Goitom H, Aregay G. Investigation of runoff response to land use/land cover change on the case of Aynalem catchment, North of Ethiopia [J]. Journal of African Earth Sciences, 2019, 153: 130-143.

[24] Sun P, Wu Y, Gao J, et al. Shifts of sediment transport regime caused by ecological restoration in the Middle Yellow River Basin [J]. Science of The Total Envi-

ronment, 2020, 698: 134261.

[25] 王国庆, 张建云, 贺瑞敏, 等. 黄河流域大尺度水文过程模拟研究 [J]. 水利水电技术, 2009, 40(2): 5-8.

[26] 李琼芳, 谢伟, 薛运宏, 等. 新安江模型在土壤侵蚀模拟中的应用 [J]. 水电能源科学, 2010, 28(3): 11-13.

[27] 姚文艺, 冉大川, 陈江南. 黄河流域近期水沙变化及其趋势预测 [J]. 水科学进展, 2013, 24(5): 607-616.

[28] 王国庆, 张建云, 贺瑞敏, 等. 黄土高原昕水河流域径流变化归因定量分析 [J]. 水土保持研究, 2014, 21(6): 295-298.

[29] 夏婷, 王忠静, 罗琳, 等. 基于 REDRAW 模型的黄河河龙间近年蒸散发特性研究 [J]. 水利学报, 2015, 46(7): 811-818.

[30] 王晨沣, 傅旭东, 张生, 等. 黄土高原植被作用下黄河数字流域模型坡面侵蚀模块改进 [J]. 清华大学学报(自然科学版)(网络首发).

[31] Wang S, Zhang Z, Mcvicar T R, et al. Isolating the impacts of climate change and land use change on decadal streamflow variation: Assessing three complementary approaches[J]. Journal of Hydrology, 2013, 507: 63-74.

[32] 芮孝芳. 水文学的机遇及应着重研究的若干领域 [J]. 中国水利, 2004(7): 22-24.

[33] 仇亚琴. 水资源综合评价及水资源演变规律研究 [D]. 北京: 中国水利水电科学研究院, 2006.

[34] 孙鹏, 孙玉燕, 张强, 等. 淮河流域径流过程变化时空特征及成因 [J]. 湖泊科学, 2018, 30(2): 497-508.

[35] 岳晓丽. 黄河中游径流及输沙格局变化与影响因素研究 [D]. 杨凌: 西北农林科技大学, 2016.

[36] Liu Y, Zhang J, Wang G, et al. How do natural climate variability, anthropogenic climate and basin underlying surface change affect streamflows? A three-source attribution framework and application [J]. Journal of Hydro-environment Research, 2020, 28: 57-66.

[37] 张晓娅. 近 60 年气候变化和人类活动对长江径流量影响的研究 [D]. 上海: 华东师范大学, 2014.

[38] Rončák P, Hlavčová K, Látková T. Estimation of the Effect of Changes in Forest Associations on Runoff Processes in Basins: Case Study in the Hron and Topl'a

River Basins〔J〕. Slovak Journal of Civil Engineering, 2016, 24(3):1-7.

[39] Ryberg K R, Lin W, Vecchia A V. Impact of Climate Variability on Runoff in the North-Central United States〔J〕. Journal of Hydrologic Engineering, 2014, 19 (1):148-158.

[40] 杨新,延军平,刘宝元. 无定河年径流量变化特征及人为驱动力分析〔J〕. 地球科学进展, 2005(6):637-642.

[41] Yang H, Yang D. Derivation of climate elasticity of runoff to assess the effects of climate change on annual runoff〔J〕. Water Resources Research, 2011, 47(7): W7526.

[42] 韩向楠. 泾河流域水沙时空分异特征及其影响因素分析〔D〕. 重庆:西南大学, 2019.

[43] Xu X, Yang D, Yang H, et al. Attribution analysis based on the Budyko hypothesis for detecting the dominant cause of runoff decline in Haihe basin〔J〕. Journal of Hydrology, 2014, 510:530-540.

[44] Yang H, Qi J, Xu X, et al. The regional variation in climate elasticity and climate contribution to runoff across China〔J〕. Journal of Hydrology, 2014, 517: 607-615.

[45] Sun P, Wu Y, Wei X, et al. Quantifying the contributions of climate variation, land use change, and engineering measures for dramatic reduction in streamflow and sediment in a typical loess watershed, China〔J〕. Ecological Engineering, 2020, 142:105611.

[46] Hasan E, Tarhule A, Kirstetter P, et al. Runoff sensitivity to climate change in the Nile River Basin〔J〕. Journal of Hydrology, 2018, 561:312-321.

[47] 商滢,江竹. 黄河源区降水径流变化特征及响应分析〔J〕. 中国农村水利水电,2021, 02:106-112.

[48] Desta Y, Goitom H, Aregay G. Investigation of runoff response to land use/land cover change on the case of Aynalem catchment, North of Ethiopia〔J〕. Journal of African Earth Sciences, 2019, 153:130-143.

[49] Guzha A C, Rufino M C, Okoth S, et al. Impacts of land use and land cover change on surface runoff, discharge and low flows:Evidence from East Africa 〔J〕. Journal of Hydrology:Regional Studies, 2018, 15:49-67.

[50] 贺亮亮,张淑兰,李振华,等. 泾河干流上游森林覆盖率水文影响的年份和月

份差异 [J]. 中国水土保持科学, 2018, 16(1): 56-64.

[51] 郑培龙, 李云霞, 赵阳, 等. 黄土高原泾河流域气候和土地利用变化对径流产沙的影响 [J]. 水土保持研究, 2015, 22(5): 20-24.

[52] Sun P, Wu Y, Gao J, et al. Shifts of sediment transport regime caused by ecological restoration in the Middle Yellow River Basin[J]. Science of The Total Environment, 2020, 698: 134261.

[53] 王红. 水土保持典型措施对地下水补给生态基流的影响研究 [D]. 北京: 中国科学院研究生院(教育部水土保持与生态环境研究中心), 2014.

[54] 张元星. 流域水沙变化对水土保持梯田措施的响应研究 [D]. 杨凌: 西北农林科技大学, 2014.

[55] Zhao F, Wu Y, Qiu L, et al. Spatiotemporal features of the hydro-biogeochemical cycles in a typical loess gully watershed[J]. Ecological Indicators, 2018, 91: 542-554.

[56] 冉大川, 罗全华, 刘斌, 等. 黄河中游地区淤地坝减洪减沙作用研究 [J]. 中国水利, 2003, 17: 67-69.

[57] 冉大川. 泾河流域人类活动对地表径流量的影响分析 [J]. 西北水资源与水工程, 1998, 01: 34-38.

[58] Yin J, He F, Xiong Y J, et al. Effects of land use/land cover and climate changes on surface runoff in a semi-humid and semi-arid transition zone in northwest China[J]. Hydrology and Earth System Sciences, 2017, 21(1): 183-196.

[59] 张淑兰, 王彦辉, 于澎涛, 等. 人类活动对泾河流域径流时空变化的影响[J]. 干旱区资源与环境, 2011, 25(6): 66-72.

[60] 郭爱军, 畅建霞, 王义民, 等. 近50年泾河流域降雨-径流关系变化及驱动因素定量分析[J]. 农业工程学报, 2015, 31(14): 165-171.

[61] Chang J, Zhang H, Wang Y, et al. Assessing the impact of climate variability and human activities on streamflow variation [J]. Hydrology and Earth System Sciences. 2016, 20(4): 1547-1560.

[62] Ning T, Li Z, Liu W. Separating the impacts of climate change and land surface alteration on runoff reduction in the Jing River catchment of China[J]. Catena, 2016, 147: 80-86.

[63] 杨思雨, 姜仁贵, 解建仓, 等. 泾河流域径流变化趋势及归因分析 [J]. 西安理工大学学报, 2019, 35(2): 186-191.

［64］Gao X, Yan C, Wang Y, et al. Attribution analysis of climatic and multiple anthropogenic causes of runoff change in the Loess Plateau—A case-study of the Jing River Basin［J］. Land Degradation & Development, 2020, 31(13): 1622-1640.

［65］Mimikou M A, Baltas E, Varanou E, et al. Regional impacts of climate change on water resources quantity and quality indicators［J］. Journal of Hydrology. 2000, 234(1): 95-109.

［66］刘昌明,刘小莽,郑红星. 气候变化对水文水资源影响问题的探讨［J］. 科学对社会的影响, 2008(2): 21-27.

［67］Yang D, Chong L, Hu H, et al. Analysis of water resources variability in the Yellow River of China during the last half century using historical data［J］. Water Resources Research, 2004, 40(6): 308-322.

［68］Milly P C, Wetherald R T, Dunne K A, et al. Increasing risk of great floods in a changing climate［J］. Nature, 2002, 415(6871): 514-517.

［69］Arnell N W. Climate change and global water resources: SRES emissions and socio-economic scenarios［J］. Global Environmental Change, 2004, 14(1): 31-52.

［70］Blöschl G, Ardoin-Bardin S, Bonell M, et al. At what scales do climate variability and land cover change impact on flooding and low flows? Hydrological processes［J］. Hydrological Processes, 2010, 21(9): 1241-1247.

［71］Smith B A, Ruthman T, Sparling E, et al. A risk modeling framework to evaluate the impacts of climate change and adaptation on food and water safety［J］. Food Research International, 2015, 68: 78-85.

［72］李志,刘文兆,张勋昌,等. 未来气候变化对黄土高原黑河流域水资源的影响［J］. 生态学报, 2009, 29(7): 3456-3464.

［73］Chen J, Li X, Ming Z. Simulating the impacts of climate variation and land-cover changes on basin hydrology: A case study of the Suomo basin［J］. Science in China, 2005, 48(9): 1501-1509.

［74］丁相毅,贾仰文,王浩,等. 气候变化对海河流域水资源的影响及其对策［J］. 自然资源学报, 2010(4): 604-613.

［75］刘德地,陈晓宏,楼章华. 水资源需求的驱动力分析及其预测［J］. 水利水电技术, 2010, 41(3): 1-5.

[76] 徐宗学,刘浏,刘兆飞. 气候变化影响下的流域水循环 [M]. 北京:科学出版社, 2015.

[77] Phillips T J, Gleckler P J. Evaluation of Continental Precipitation in 20th Century Climate Simulations: The Utility of Multimodel Statistics [J]. Water Resources Research, 2006, 42(3): 446-455.

[78] Mehran A, Aghakouchak A, Phillips T J. Evaluation of CMIP5 Continental Precipitation Simulations Relative to Satellite-Based Gauge-Adjusted Observations [J]. Journal of Geophysical Research Atmospheres, 2014, 119(4): 1695-1707.

[79] 刘卫林,熊翰林,刘丽娜,等. 基于 CMIP5 模式和 SDSM 的赣江流域未来气候变化情景预估 [J]. 水土保持研究, 2019, 26(2): 145-152.

[80] 刘品,徐宗学,李秀萍,等. ASD 统计降尺度方法在中国东部季风区典型流域的适用性分析[J]. 水文,2013, 33(4): 1-9.

[81] 魏培培,董广涛,史军,等. 华东地区极端降水动力降尺度模拟及未来预估 [J]. 气候与环境研究, 2019, 24(1): 86-104.

[82] Rawat K S, Sehgal V K, Ray S S. Downscaling of MODIS thermal imagery[J]. The Egyptian Journal of Remote Sensing and Space Sciences, 2019, 22(1):49-58.

[83] Zhao F, Wu Y, Yao Y, et al. Predicting the climate change impacts on water-carbon coupling cycles for a loess hilly-gully watershed[J]. Journal of Hydrology, 2020(581): 124388.

[84] Zhang Y, You Q, Chen C, et al. Impacts of climate change on streamflows under RCP scenarios: A case study in Xin River Basin, China [J]. Atmospheric Research, 2016, 178: 521-534.

[85] Zuo D, Xu Z, Yao W, et al. Assessing the effects of changes in land use and climate on runoff and sediment yields from a watershed in the Loess Plateau of China [J]. Science of the Total Environment, 2016, 544: 238-250.

[86] Sun P, Wu Y, Wei X, et al. Quantifying the contributions of climate variation, land use change, and engineering measures for dramatic reduction in streamflow and sediment in a typical loess watershed, China [J]. Ecological Engineering, 2020, 142: 105611.

[87] Zhang X, Zhang L, Zhao J, et al. Responses of streamflow to changes in climate and land use/cover in the Loess Plateau, China [J]. Water Resources Research,

2008, 44: W00A07.

[88] Cai X, Rosegrant M W. Optional water development strategies for the Yellow River Basin: Balancing agricultural and ecological water demands [J]. Water Resources Research, 2004, 40(8): W08S04.

[89] Wang S, Yan Y, Yan M, et al. Quantitative estimation of the impact of precipitation and human activities on runoff change of the Huangfuchuan River Basin [J]. Journal of Geographical Sciences, 2012, 22(5): 906-918.

[90] Sun P, Wu Y, Yang Z, et al. Can the Grain-for-Green Program Really Ensure a Low Sediment Load on the Chinese Loess Plateau? [J]. Engineering, 2019, 5(5): 855-864.

[91] Miao C, Zheng H, Jiao J, et al. The Changing Relationship Between Rainfall and Surface Runoff on the Loess Plateau, China [J]. Journal of Geophysical Research: Atmospheres, 2020, 125(8).

[92] Li H, Shi C, Zhang Y, et al. Using the Budyko hypothesis for detecting and attributing changes in runoff to climate and vegetation change in the soft sandstone area of the middle Yellow River basin, China [J]. Science of The Total Environment, 2020, 703: 135588.

[93] Zheng H, Zhang L, Zhu R, et al. Responses of streamflow to climate and land surface change in the headwaters of the Yellow River Basin [J]. Water Resources Research, 2009, 45: W00A19.

[94] Cuo L, Zhang Y, Gao Y, et al. The impacts of climate change and land cover/use transition on the hydrology in the upper Yellow River Basin, China [J]. Journal of Hydrology, 2013, 502: 37-52.

[95] Wang H, Sun F, Xia J, et al. Impact of LUCC on streamflow based on the SWAT model over the Wei River basin on the Loess Plateau in China [J]. Hydrology and Earth System Sciences, 2017, 21(4): 1929-1945.

[96] Li E, Mu X, Zhao G, et al. Effects of check dams on runoff and sediment load in a semi-arid river basin of the Yellow River [J]. Stochastic Environmental Research and Risk Assessment, 2016, 31(7): 1791-1803.

[97] Hu J, Wu Y, Wang L, et al. Impacts of land-use conversions on the water cycle in a typical watershed in the southern Chinese Loess Plateau [J]. Journal of Hydrology, 2021, 593: 125741.

[98] Li Z, Liu W Z, Zhang X C, et al. Impacts of land use change and climate variability on hydrology in an agricultural catchment on the Loess Plateau of China [J]. Journal of Hydrology, 2009, 377(1-2): 35-42.

[99] Zhao G, Kondolf G M, Mu X, et al. Sediment yield reduction associated with land use changes and check dams in a catchment of the Loess Plateau, China [J]. Catena, 2017, 148: 126-137.

[100] Liu L, Liu Z, Ren X, et al. Hydrological impacts of climate change in the Yellow River Basin for the 21st century using hydrological model and statistical downscaling model [J]. Quaternary International, 2011, 244(2): 211-220.

[101] Huo A, Wang X, Cheng Y, et al. Impact of Future Climate Change (2020-2059) on the Hydrological Regime in the Heihe River Basin in Shaanxi Province, China [J]. International Journal of Big Data Mining for Global Warming, 2019,1: 1950003.

[102] Zhao F, Wu Y, Yao Y, et al. Predicting the climate change impacts on water-carbon coupling cycles for a loess hilly-gully watershed [J]. Journal of Hydrology, 2020, 581(124388).

[103] 曹颖,张光辉,罗榕婷,等. 全球气候变化对泾河流域径流和输沙量的潜在影响[J]. 中国水土保持科学, 2010, 8(2): 30-35.

[104] Green N H ,Ampt C A. Flow of air and water through soils [J]. 1911.

[105] Kostiakov A N. On the dynamics of the coefficient of water-percolation in soils and on the necessity of studying it from a dynamic point of view for purposes of amelioration [J]. Trans. 6th Comm. Int. Soc. Soil Sci. Russian, 1932, 1: 7-21.

[106] Elmer H R. Horton, R. E. The role of infiltration in the hydrologic cycle [J]. Transactions, American Geophysical Union, 1933, 14: 446-460.

[107] Elmer H R. Horton, R. E. Surface Runoff Phenomena. Part 1. Analysis of the Hydrograph. Horton Hydrologic Laboratory Publication 101. Edward Bros [J]. Ann Arbor, Michigan, 1935.

[108] Horton R E. The Interpretation and Application of Runoff Plat Experiments with Reference to Soil Erosion Problems [J]. Soil ence Society of America Journal, 1939, 3(C): 340-349.

[109] Horton R E. The infiltration-theory of surface-runoff[J]. Eos Transactions A-

merican Geophysical Union, 1940, 21(2): 541-541.

[110] Philip, J R. The theory of infiltration: 1. The infiltration equation and its solution[J]. Soil Science, 1957, 83(5): 348-358.

[111] Parlange J Y. Note on the Poisson - Boltzmann Equation[J]. Journal of Chemical Physics, 1972, 57(1):376-377.

[112] 张文华. 实用暴雨洪水预报理论与方法[M]. 水利电力出版社, 1990.

[113] 赵人俊, 王佩兰. 霍顿与菲利蒲下渗公式对子洲径流站资料的拟合[J]. 人民黄河, 1982(01): 3-10.

[114] 毕华兴, 朱金兆, 等. 晋西黄土地区场(时段)暴雨地表径流量计算方法——下渗曲线法初探[J]. 土壤侵蚀与水土保持学报, 1996, 2(4): 1-8.

[115] 刘贤赵, 康绍忠. 黄土高原沟壑区小流域土壤入渗分布规律的研究[J]. 北华大学学报(自然科学版), 1997, 4: 203-208.

[116] 魏忠义, 王治国, 段喜明, 等. 河沟流域水分入渗的数学模型[J]. 水土保持研究, 2000, 7(4): 32-35.

[117] 雒文生, 韩家田. 超渗和蓄满同时作用的产流模型研究[J]. 水土保持学报, 1992, 6(4): 6-13.

[118] 包为民, 王从良. 垂向混合产流模型及应用[J]. 水文, 1997, 3: 18-21.

[119] Liang Xu, Wood E F, Lettenmaier D P. Surface soil moisture parameterization of the VIC-2L model: Evaluation and modification[J]. Global and Planetary Change, 1996, 13(1 - 4): 195-206.

[120] 谢正辉, 苏凤阁, 梁旭, 等. 具有 Horton 及 Dunne 机制的径流模型在 VIC 模型中的应[J]. 大气科学进展(英文版), 2003, 20(2):165-172.

[121] 刘谦. VIC 大尺度陆面水文模型在中国区域的应用[D]. 湖南大学, 2004.

[122] 袁飞, 谢正辉, 任立良, 等. 气候变化对海河流域水文特性的影响[J]. 水利学报, 2005, 36(3): 274-279.

[123] 胡彩虹, 郭生练, 彭定志, 等. VIC 模型在流域径流模拟中的应用[J]. 人民黄河, 2005, 27(10): 22-24.

[124] 张俊, 郭生练, 陈华, 等. 与 MM5 气象模式耦合的 VIC 分布式水文模型构建[J]. 人民长江, 2008, 39(8): 92-95.

[125] 黄亚, 肖伟华, 陈立华. 基于 VIC 模型的龙滩水库流域径流模拟研究[J]. 水力发电, 2018, 44(9): 16-19.

[126] 鲍振鑫, 张建云, 刘九夫, 等. 基于土壤属性的 VIC 模型基流参数估计框架

[J]. 水科学进展, 2013, 24(2): 169-176.

[127] SL/T 804-2020,淤地坝技术规范[S].

[128] Dickinson R E , Errico R M , Giorgi F, et al. A regional climate model for the western United States[J]. Climatic Change, 1989, 15(3): 383-422.

[129] Beniston M, Ohmura A, Wild M, et al. Coupled simulations of global and regional climate in Switzerland[J]. 1993, 1: 80-86.

[130] Chong-Yu X U . Climate Change and Hydrologic Models: A Review of Existing Gaps and Recent Research Developments[J]. Water Resources Management, 1999, 13(5): 369-382.

[131] Fowler H J ,Ekstr? M M ,Blenkinsop S , et al. Estimating change in extreme European precipitation using a multimodel ensemble[J]. Journal of Geophysical Research Atmospheres, 2007, 112(D18): 90-104.

[132] Kim S D, Yu C S, Kim J H, et al. A Study of Temporal Characteristics From Multi-Dimensional Precipitation Model[J]. Journal of Korea Water Resources Association, 2000, 33(6): 783-791.

[133] Wigley T , Jones P D, Briffa K R, et al. Obtaining sub-grid-scale information from coarse-resolution general circulation model output[J]. Journal of Geophysical Research Atmospheres, 1990, 95(D2):1943-1953.

[134] Wilby R L, Hassan H, Hanaki K. Statistical downscaling of hydrometeorological variables using general circulation model output [J]. Journal of Hydrology, 1998, 205(1-2): 1-19.

[135] Wilby R L , Hay L E , Leavesley G H. A comparison of downscaled and raw GCM output: implications for climate change scenarios in the San Juan River basin, Colorado[J]. Journal of Hydrology, 1999, 225(1-2):67-91.

[136] Cui M , Storch H V, Zorita E . Coastal sea level and the large-scale climate state A downscaling exercise for the Japanese Islands[J]. Tellus A, 1995, 47(1): 132-144.

[137] Hewitson B C, Crane R G. Climate downscaling: techniques and application. Clim Res 7:85-95[J]. Climate Research, 1996, 7(2): 85-95.